战场可视化

Battlefield Visualization

邵 伟 主 编
何天鹏 谭亚新 吴东亚 副主编
黄俊卿 范 锐 樊延平 参 编
董志明 郭 彤 郑显柱

国防工业出版社
·北京·

内 容 简 介

本书全面介绍了战场可视化的相关理论、关键技术及战场可视化的展现样式及实现机理，以及战场可视化在军事中的应用。

全书共分10章，第1章为理论部分，重点阐述战场及可视化的相关概念、战场可视化的内容及战场可视化在军事中的应用；第2~6章为战场可视化实现技术的介绍，包括基础环境数据、军事地理信息系统、三维建模、三维图形引擎、虚拟现实、增强现实、混合现实等技术；第7~8章介绍各类战场环境可视化的方法；第9章介绍红外、微光夜视可视化；第10章介绍战场态势可视化，以及战场可视化下一步的发展方向。

本书内容全面、实用，对战场可视化的实现技术及展现样式都进行了详细介绍，适合战场可视化相关应用人员及开发人员阅读学习，也可作为战场可视化相关专业的教材。

图书在版编目(CIP)数据

战场可视化 / 邵伟主编. —北京：国防工业出版社，2022.11(2024.6重印)
ISBN 978 – 7 – 118 – 12641 – 9

Ⅰ.①战… Ⅱ.①邵… Ⅲ.战场 – 数字地图 Ⅳ.①E919

中国版本图书馆 CIP 数据核字(2022)第 183916 号

※

*国防工业出版社*出版发行
(北京市海淀区紫竹院南路23号 邮政编码100048)
北京凌奇印刷有限责任公司印刷
新华书店经售

*

开本 710×1000 1/16 印张 10½ 字数 187 千字
2024 年 6 月第 1 版第 3 次印刷 印数 1801—2800 册 定价 78.00 元

(本书如有印装错误，我社负责调换)

国防书店：(010)88540777 　　书店传真：(010)88540776
发行业务：(010)88540717 　　发行传真：(010)88540762

前　言

现代作战中,军事人员需要快速了解和掌握战场环境的情况、战场态势的状况,从而为军事行动的实施、指挥提供决策支撑。古往今来,对战场情况的分析研究方法有很多种,如使用在地面堆置的简易沙盘,军事人员可在沙盘上排兵布阵,了解战场、研究战场。随着信息技术的发展,人们对战场研究、分析的手段也越来越多,尤其在战场可视化研究上,新技术的出现、使用更是层出不穷。可视化是将抽象的数字信息、文字信息,采用更加便于人员观察、使用的可视化形式进行展现,目前已在各行各业有广泛应用。将战场采用可视化方式进行展现,更进一步将战场中发生的事件也进行动态可视化形式展现,可有效提升军事人员了解、掌握战场情况的效率,加快相关军事行动的指挥及实施。基于此考虑,我们对当前战场可视化研究涉及的相关技术、内容、呈现方式进行梳理,从而为读者进行相关方向的研究提供借鉴参考。

全书共分 10 章。第 1 章为理论部分,重点阐述战场及可视化的相关概念、战场可视化的内容及战场可视化在军事中的应用。第 2 章至第 6 章为战场可视化实现技术的介绍,包括战场可视化实现使用的基础环境数据、军事地理信息系统技术、三维建模技术、三维图形引擎技术、虚拟现实技术、增强现实技术、混合现实技术等。本书在介绍相关技术时,会介绍技术的实现原理及当前已成熟的技术实现硬件与软件情况,从而更便于读者了解技术现状,为相关技术的选用提供参考。第 7 章、第 8 章介绍各类战场环境可视化的方法,主要是结合相关技术介绍如何实现、展现。第 9 章介绍红外、微光夜视的可视化。第 10 章介绍战场态势可视化,包括战场态势可视化实现的方式及展现样式,以及战场可视化下一步的发展方向。

由于战场可视化涉及内容十分广泛、技术类型众多,不仅需要相关人员具备良好的军事知识和地理知识,而且要具备相关技术知识。研究中,编写组虽然尽了极大努力,结果仍不十全十美,书中疏漏和不当之处难免,恳请读者指正。在编写过程中,得到不少专家的指教和帮助,也吸取了战场可视化领域研究的一些成果,对此表示衷心感谢。

编者

2022.6

目　录

第1章　战场及可视化 ... 001
1.1　战场、战场环境和战场态势的概念 ... 001
1.2　可视化基础知识 ... 002
1.3　战场可视化的概念、发展及研究内容 ... 005
1.3.1　战场可视化 ... 005
1.3.2　战场环境可视化 ... 006
1.3.3　战场态势可视化 ... 009
1.4　战场可视化实现的关键技术 ... 009
1.5　战场可视化在军事中的典型应用 ... 012
1.5.1　战场可视化在军事指挥信息系统中的应用 ... 012
1.5.2　战场可视化在军事模拟训练系统中的应用 ... 013
1.5.3　战场可视化在军事游戏中的应用 ... 013
1.6　本书架构 ... 016

第2章　战场可视化基础环境数据 ... 017
2.1　地理环境数据 ... 017
2.1.1　矢量地图数据 ... 018
2.1.2　栅格地图数据 ... 018
2.1.3　遥感影像数据 ... 019
2.1.4　数字地形模型与数字高程模型 ... 021
2.2　气象环境数据 ... 022
2.3　核化生环境数据 ... 023
2.4　电磁环境数据 ... 024
2.5　人文社会环境数据 ... 024

第3章　军事地理信息系统 ... 025
3.1　地理信息系统的概念、功能及应用 ... 025
3.1.1　概念 ... 025
3.1.2　功能 ... 027
3.1.3　应用 ... 029

3.2 军事地理信息系统的概念、功能及应用 ······ 030
    3.2.1 概念 ······ 030
    3.2.2 功能 ······ 031
    3.2.3 应用 ······ 032
3.3 军事地理信息系统典型软硬件结构 ······ 034
    3.3.1 MGIS 的硬件系统 ······ 034
    3.3.2 MGIS 的软件体系结构 ······ 036
3.4 时空基准 ······ 037
    3.4.1 空间基准 ······ 037
    3.4.2 时间基准 ······ 038
3.5 军事地理信息系统数据源 ······ 039
3.6 军事地理信息系统发展 ······ 039

第 4 章　三维建模 ······ 042

4.1 概述 ······ 042
    4.1.1 基本情况 ······ 042
    4.1.2 关键要素 ······ 043
    4.1.3 建模要求 ······ 045
4.2 三维建模方法 ······ 045
    4.2.1 三维软件建模 ······ 045
    4.2.2 利用仪器设备建模 ······ 046
    4.2.3 根据图像或视频建模 ······ 047
4.3 三维建模常用工具 ······ 048
4.4 三维软件建模基本过程 ······ 049

第 5 章　三维图形引擎 ······ 055

5.1 三维图形引擎基本概念 ······ 055
5.2 三维图形引擎构成 ······ 056
5.3 典型三维图形引擎介绍 ······ 064
    5.3.1 Unity3D ······ 064
    5.3.2 CRYENGINE ······ 066
    5.3.3 虚幻 4 引擎 ······ 068
    5.3.4 Unigine ······ 071
    5.3.5 OSG ······ 072
    5.3.6 OGRE ······ 074
    5.3.7 Vega ······ 076

5.4 典型军事应用介绍 ·· 077
5.5 三维图形引擎发展方向 ·· 078

第6章 虚拟现实、增强现实、混合现实 ································ 084
6.1 虚拟现实及其开发技术 ·· 084
    6.1.1 概念特点 ·· 084
    6.1.2 系统组成 ·· 086
    6.1.3 开发技术 ·· 086
6.2 增强现实与混合现实技术 ·· 089
    6.2.1 增强现实 ·· 089
    6.2.2 混合现实 ·· 090
6.3 典型外设硬件介绍 ·· 091
    6.3.1 VR头戴显示设备 ··· 091
    6.3.2 AR/MR头戴显示设备 ···································· 096
    6.3.3 交互设备 ·· 098
6.4 典型军事应用介绍 ·· 107

第7章 陆战场环境可视化 ·· 109
7.1 陆战场环境概念及基本构成 ······································· 109
7.2 陆战场环境可视化方式 ·· 110
    7.2.1 二维可视化 ··· 110
    7.2.2 大场景三维可视化展现 ································· 112
    7.2.3 小场景高精度三维可视化展现 ························ 113
7.3 Unity3D陆战场环境构建 ··· 114

第8章 海洋、气象、电磁、网络、人文环境可视化 ················· 120
8.1 海洋可视化 ·· 120
    8.1.1 要素构成 ·· 120
    8.1.2 可视化 ·· 122
8.2 气象可视化 ·· 124
    8.2.1 要素构成 ·· 124
    8.2.2 可视化 ·· 126
8.3 电磁环境可视化 ·· 127
    8.3.1 要素构成 ·· 127
    8.3.2 可视化 ·· 129
8.4 网络环境可视化 ·· 130
    8.4.1 要素构成 ·· 130

  8.4.2 可视化 ··· 132
 8.5 人文环境可视化 ·· 132
  8.5.1 要素构成 ··· 132
  8.5.2 可视化 ··· 133

第9章 红外、微光夜视可视化 ··· 134
 9.1 红外技术概述 ·· 134
 9.2 战场红外可视化 ·· 136
 9.3 战场红外可视化仿真 ··· 139
 9.4 微光夜视技术概述 ·· 141
 9.5 微光夜视可视化仿真 ··· 144

第10章 战场态势可视化及战场可视化发展 ······················· 146
 10.1 战场态势可视化形式 ··· 146
 10.2 战场态势可视化实现方式 ·· 147
  10.2.1 二维战场态势可视化 ·· 147
  10.2.2 三维大场景态势可视化 ···································· 150
  10.2.3 三维小场景高精度态势可视化 ························· 154
  10.2.4 对比分析 ··· 156
 10.3 战场可视化未来发展 ··· 156

 参考文献 ·· 159

第1章
战场及可视化

现代战争是陆、海、空、天、电、网一体化的联合作战,是基于信息系统的体系对抗作战。战场可视化,是为了便于军事人员认识、分析、理解战场环境和战场态势情况,采取信息技术手段对战场情况进行处理,以可视化的形式将战场情况进行表达,提供给军事人员观察使用。

当前,战场可视化已成为军事信息系统的重要组成部分,是作战、训练等活动中的重要一环,是指挥员驾驭现代信息化战争的理想界面,在作战指挥、模拟训练、作战理论研究等领域都有广泛的应用前景。

1.1 战场、战场环境和战场态势的概念

战场(battlefield)是敌对双方进行作战活动的空间。分为陆战场、海战场、空战场、太空战场,以及网络战场、电磁战场等。

——2011年版中国人民解放军《军语》

战场环境(battlefield environment)是战场及其周围对作战活动有影响的各种情况和条件的统称,包括地形、气象和水文等自然条件,人口、民族、交通、建筑物、生产和社会等人文条件,国防工程构筑、作战设施建设和作战物资储备等战场建设情况,以及信息、网络和电磁状况等。

——2011年版中国人民解放军《军语》

按照战场环境定义可以看出,战场环境是作战空间中对战争态势有影响的各类客观因素的集合。不过,一旦选定战场区域,其客观自然环境便相对稳定。而人类的作战行动对环境局部人文因素有较大的影响,使其刻上人类活动的印记。因此自然环境是基础,人文环境是补充。

战场环境可划分为陆战场环境、海战场环境、空天战场环境、电磁及网络环境、气象水文环境和战场人文环境,如图1-1所示。其中,前三类是从物理空间的角度来阐述的,侧重于对其自然环境的描述,因为每一类环境都具有鲜明的空

间特点,决定了作战行动的基本形式;而后三类则是从战场环境要素上来阐述的,应该说,前三类中每一类或多或少地包含着后三类的信息,由于后三类共性特征多且相对独立,因此专门提出来研究。这样的内容划分既适合于从宏观角度上研究战场环境与作战活动的关系,又能保证战场环境研究内容的完备性,是比较科学的一种划分方法。

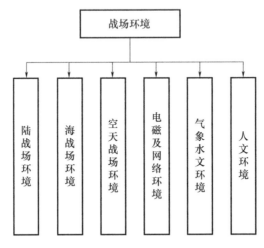

图1-1 战场环境构成

战场态势是指战场中兵力分布及战场环境的当前状态和发展趋势,而态势要素则指构成战场态势的兵力、环境、事件和估计等。

战场态势一般包括作战双方的作战实力对比、装备战损状况、作战企图、兵力部署情况等。按范围,战场态势分为战略战场态势、战役战场态势、战斗战场态势;按时间,分为战前战场态势、战中战场态势、战后战场态势。战场态势随各方作战行动的改变而改变,反映了作战双方的作战企图与将采取的行动,作战双方都力图达成己方有利态势的同时造成对方陷入不利态势。作战指挥员定下作战决心、预测战斗发展,都需要认真分析战场态势。

1.2 可视化基础知识

可视化是将数据信息和知识转化为一种视觉形式,充分利用人们对可视模式快速识别的自然能力,将人脑和现代计算机这两个最强大的信息处理系统联系在一起,帮助人们能够观察、操纵、研究、浏览、探索、过滤、发现、理解大规模数据,并与之方便交互,从而可以极其有效地发现隐藏在信息内部的特征和规律。我们可以把可视化认为是从数据到可视化形式再到人的感知系统的可调节的映射,如图1-2所示,为网络销量数据的可视化。

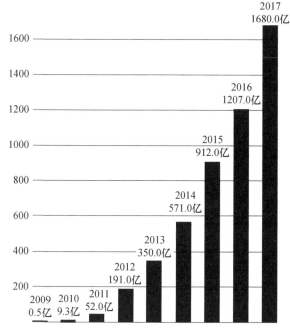

图1-2 网络销量可视化

现在,可视化已被科学家赋予了一定的科学含义,为科学计算可视化(visualization in scientific computing)的简称。科学计算可视化指的是运用计算机图形学和图像处理技术,将科学计算的结果及过程转换为图像或图形在屏幕上直观形象地显示并进行交互处理的理论技术和方法。科学计算可视化研究的应用领域大都具有物理空间特征,其数据来自科学实验或者模型模拟,如图1-3和图1-4所示。但近些年来对快速增长的因特网和万维网空间内的海量信息,数字化带来的大量各类信息,以及庞大的数据仓库内的信息,在可视化领域出现了一个新分支,即信息可视化。信息可视化是把抽象的、大多不具有物理空间本质特征的信息转化成空间分布形式的图形图像,从而帮助用户理解或者发现其中隐藏的事物本质关系与形态和结构。

可视化技术涉及科学与工程计算、计算机图形学、图像处理、网络技术、视频技术、计算机辅助设计、人机界面等多个学科和技术领域,需要多个学科推动其进一步的发展。如快速漫游是进行实时交互操作的前提条件,为了提高海量三维模型数据的漫游的速度,必须使三维数据模型存储结构紧凑、数据存储量要尽可能少,对于数据库管理技术、空间索引技术、并行计算技术、复杂模型的简化技术等方面都有很高的要求。另外,可视化技术对计算机硬件设备也提出了一定的要求。实时交互三维显示的速度是由机器的内存、显卡,以及三维图形的渲染方法(即三维图形渲染的工具包)等软硬件设备条件共同确定的。当给出模型的数据量超出了机器内存所能处理的最大量时,不能一次把所有的模型数据都装入内存进行操作和显示,从而需要硬件设备能够提供快速的内存交换机制和内存页面交换技术。此外,由于还需要处理大量的影像用于几何模型表面的纹理贴图,因此对于图形卡(图1-5)也提出了更高的要求,从而能够进行纹理数据压缩处理。

图1-3 智慧城市可视化

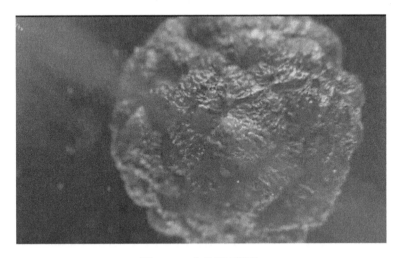

图1-4 生物学可视化

当前在军事活动中,信息大量产生,海量信息若直接呈现给军事人员使用,军事人员必然不能把握信息的核心,还需遴选才能获取自己需要的信息。由此,可使用可视化技术,将军事信息中便于可视化展现的内容,采用二维及三维等形式进行呈现。

如图 1-6 所示的武器部件可视化介绍,可使军事人员快速获取信息,了解军事情况。

图 1-5　图形卡

图 1-6　武器部件可视化展现

1.3　战场可视化的概念、发展及研究内容

1.3.1　战场可视化

美军关于战场可视化的定义为:"the process whereby the commander develops a clear under standing of his current state with relation to theenemy and the environment, envisions a desired end state, and thensubsequently visualizes the sequence of activity that will move his force from its current state to the end state."这段话中包含有对地形的分析,对敌我双方位置的判定,天气的影响,以及对敌军指挥系统的了解。战场可视化不仅仅是一个智能系统,它能够利用战场中每个作战系统中的数据,并将其整合成一个整体。战场可视化实际上是一种战争艺术与先进科学技术相

结合的产物,是作战指挥人员将其指挥艺术与先进科学技术结合起来增大并保持对敌作战优势的一种能力。

尽管从字面来说战场可视化是一个新的概念,但是作为一种能力来说,它实际上从人类的第一次战争开始就已经存在了。纵观历史上的每位优秀的将军,他们都有一种能力,能够敏锐地把握整个战场的形势。根据平时的训练、以往的经验和对战争的直觉,优秀的指挥官可以充分地明了地形及气象条件的影响,可以觉察到敌军如何调动其部队,并根据自己的判断来指挥部队完成作战任务。进入21世纪,技术的发展及其在军事上的应用使得各级指挥人员能够具备这种"透视"战场的能力,能够"看"到目前并没有占领的区域。再加上通过其他各种措施,如各种致命或非致命的攻击、自我伪装措施等,大大降低敌军指挥官的这种"透视"战场的能力,就可以在战场的时间与空间上真正的加强对敌军的信息优势。这种信息优势可以使小规模的部队迅速击溃比较强大的敌人,一个单独作战的部队可以在比较广大的区域上甚至在分散的地方执行任务。战场可视化则是帮助指挥员实现这种"透视战场"能力的工具。

战场可视化是将与作战相关的各种军事情况信息,借助计算机工具、计算机图形学和图像处理等技术,在数字地形的基础上,以计算机图形图像的形式直观形象地表达出来,并进行数据关系特征探索和分析来获取新的理解和认识,最终使指挥员能够以可视化的方法进行战场规划、指挥决策和指挥控制,同时可为军事指挥模拟训练提供贴近实战的训练环境。

战场可视化包括战场环境可视化和战场态势可视化两部分内容。战场环境可视化是战场态势可视化的基础,战场态势可视化是战场可视化应用目的的必然需要,是战场可视化的一个重要组成部分。

1.3.2　战场环境可视化

战场环境可视化是将各类战场环境,借助计算机工具、计算机图形学和图像处理等技术,以计算机图形图像的形式直观形象地表达出来,当前主要的展现形式包括战场环境二维可视化及三维可视化。

战场环境可视化包括了陆战场环境可视化、海战场环境可视化、空天战场环境可视化、电磁及网络环境可视化、气象水文环境可视化和人文环境可视化等。

上述可视化的具体实现技术在后面章节中进行详细介绍,下面介绍战场环境可视化需把握的几个主要内容。

(1)最基本的是战场地理空间环境的可视化。应用上,任何作战都是在一定的战场地理空间中进行,对战场地理空间的分析研究是指挥作战必须首先开展的工作,战场可视化必须首先实现战场地理空间环境的可视化;技术上,战场地理空间环境的可视化是其他战场环境要素可视化叠加显示的基础。因此,战场地理空间环境的可视化是战场环境可视化最基本的内容。

(2)具有二维、三维相结合的战场环境可视化功能。二维可视化对真实战场进行了综合,显示区域广,可以使指挥员从宏观上掌握整个战场的全貌情况,如图1-7所示;三维可视化形象直观,可以使指战员从微观上分析研究战场的精确情况,如图1-8所示。因此,战场环境可视化中需要综合二维、三维的优点对战场环境进行高效显示。

图1-7 地理空间环境二维可视化展现

(3)具有城市、交通等人文社会环境可视化功能。由于世界性的城市化发展趋势,城市作战的特殊性和复杂性,城市环境对军事行动的影响远大于一般地形环境的影响,因此,城市可视化在整个战场环境可视化中占有重要地位,应特别强调对城市的空间结构和建筑特点等环境的可视化能力。

(4)具有战场气象环境可视化能力。由于气象条件对军事行动的重要影响和制约作用,指挥员都十分重视掌握战场气象环境信息。战场环境可视化可在二维、三维地理环境可视化的基础上选择性地叠加显示气象数据可视化信息,如以箭头表示风力、风向,以不同的颜色表示温度或湿度,用粒子系统模拟雨雪等,同时还应以光照度及背景颜色的变化模拟出白天、黑夜的时间变化。三维降雨展现效果如图1-9所示。

图1-8 地理空间环境三维可视化展现

图1-9 三维降雨展现效果

(5)电磁环境可视化也是一项重要的可选内容。一是复杂电磁环境对信息化战争的影响作用越来越大,要求指战员必须掌握战场电磁辐射源、辐射类型和参数、辐射影响范围等复杂电磁环境信息;二是技术上已能够建立雷达、通信等电子装备的较准确的电磁辐射模型,而且可以用形象直观的图形方式表现这些不可见的、无形的电磁辐射影响范围信息。因此,战场环境可视化需要具备可选的电磁环境可视化功能。

(6)提供战场环境信息分析与查询功能。可视化可以向使用者传达形象直观的战场环境信息,再加上完善的信息分析与查询功能,将可以向用户提供对数据信息进行更深层次挖掘的工具,同时能够弥补图形表达中一些难以克服的缺陷。

1.3.3 战场态势可视化

战场态势可视化是采用可视化手段,包括二维及三维方式,将战场态势中的诸多要素包括兵力分布、兵力状况、相关军事行动等进行可视化呈现,从而使军事人员快速了解战场情况,为军事决策提供依据。

战场态势可视化是军事指挥人员认知战场态势的有效手段,对战场态势的分析判断直接决定战争的胜负。然而,战场态势瞬息万变,数据量大,各种信息极其丰富,情况复杂。如何综合采用多种形式的手段来完整、全面、准确、及时地反映战场态势,是各国军队竞相研究的热点问题。

在战场态势可视化实现的所有功能中,最直观的是态势显示功能。态势显示按照展现样式大体上分为二维态势显示和三维态势显示。

二维态势显示是一个在二维平面空间的态势,最常用的态势构成方式是以地图作为背景,在其上叠加表达各种作战实体和作战行动的军标符号及文字,这种方式最符合标准的军事表达规则。二维态势的技术发展特征主要体现在地图背景的更新换代上,其发展过程中,地图的显示经历了人工扫描地图显示、像素地图显示和目前的电子地图显示几个阶段。电子地图是基于地理数据而形成的地图,它能根据需要以不同的地图要素组合和地图投影方式随机进行显示。电子地图的出现,给二维地图带来了清晰的显示效果和无级放大漫游地图的功能。此外也给二维地图带来了新的表现形式,出现了用晕渲图作为地图背景的显示方式,使态势的表现力更加丰富。

三维态势显示是一个在三维立体空间表现的态势,它依靠地形数据生成三维场景,依靠三维军标模型、三维实体模型等展现战场情况。这种方式主要用于表达局部范围的战斗行动,使指挥员有"身临其境"的感觉,以增强态势表达的效果。

1.4 战场可视化实现的关键技术

战场环境及战场态势可视化主要采用二维及三维形式进行可视化展现,涉及的具体实现技术包括:基础环境数据、地理信息系统技术、三维建模技术、三维图形引擎技术及相关拓展技术(包括虚拟现实、增强现实、混合现实等技术),如图1-10所示。

基础环境数据主要为战场环境相关描述数据,包括基础地理数据(如矢量地图数据、DEM高程数据、影像数据、倾斜摄影数据等)、气象环境数据、电磁环境数据、核化生环境数据等,上述数据可将战场环境相关要素进行量化描述,通过对上述数据的处理,可将战场环境进行可视化呈现,包括二维可视化及三维可视化呈现。

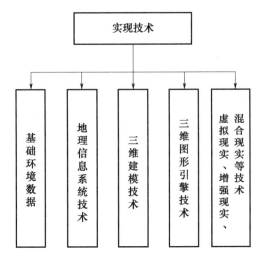

图 1-10 实现技术组成

地理信息系统技术主要是对相关地理数据进行处理,采用二维或三维形式将战场环境进行可视化展现,处理的数据包括矢量地图数据、DEM 高程数据、影像数据等各类地理数据,展现的样式为二维电子地图展现、三维立体地形展现等,同时在展现的电子地图或三维地形上,使用人员可进行相关地形量算、要图标绘,从而将战场环境、战场情况可视化呈现出来。Skyline 三维地理信息系统软件界面如图 1-11 所示。

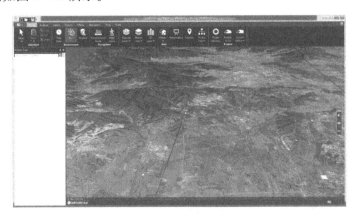

图 1-11 三维地理信息系统 Skyline

三维建模技术主要对相关对象进行三维模型构建,对象包括战场中的人员、装备、军事设施等多类对象。当前,三维建模技术在军用、民用中有较多应用,用途也较为广泛、技术也较为成熟,常用的一些三维建模软件如 3DS MAX、Maya 等多类成熟稳定的软件也有广泛应用。图 1-12 为三维装备模型。

图 1-12 三维装备模型

三维图形引擎技术当前已成为强大的三维场景构建、集成工具,使用三维图形引擎,可进行三维场景的构建、三维态势的展现等,并可使用三维图形引擎生成专门的应用软件,如虚拟维修软件、三维态势展现、军事三维游戏等相关软件。

虚拟现实技术、增强现实技术及混合现实技术主要是借助相关三维图形引擎等软件、相关外设硬件,构建相关环境,包括虚拟现实、增强现实及混合现实环境,使用人员通过操作,可进行沉浸式的环境观察、进行虚拟操作。虚拟现实外设如图 1-13 所示。

图 1-13 虚拟现实外设

1.5 战场可视化在军事中的典型应用

目前,战场可视化已经成为现代战场的重要技术手段,许多国家对发展战场可视化系统极为重视。战场可视化理论与技术被广泛应用于不同层次、不同类型的指挥信息系统和军事模拟训练系统中。

1.5.1 战场可视化在军事指挥信息系统中的应用

随着信息化的发展,军事指挥信息系统已成为各国研究、应用的重点内容,在作战中,使用军事指挥信息系统进行相关情报信息的收发、进行相关指挥命令的传达、进行战况的评判研究等,而利用可视化相关技术,建立一个综合战场信息获取与传输、分析与查询、作战态势显示和指挥控制为一体的军事指挥信息系统,可大大提高指挥员对战场信息的认知、分析能力,提高了作战指挥的效能,有效加快战争的进程。

如美国海军研究中心研制的"龙(Dragon)"战场可视化系统,该系统的研制充分展示了战场可视化的概念、关键技术和实现途径,在若干次演习和实战中得到应用,取得了良好的效果。图 1-14 为该系统生成的战场态势图。

图 1-14 美军战场可视化应用

在我军的相关指挥信息系统中,也大量使用了相关战场可视化技术,从而可进行相关军事要图的标绘(图 1-15)、进行战场态势的展现、进行各方兵力状况的展现等,并且上述可视化展现,多是立足于自动化标绘、数据自动化处理展现,大大节约了操作时间,也更加便于军事指挥人员了解战场态势,快速做出相关决策。

图 1-15 我军要图标绘

1.5.2 战场可视化在军事模拟训练系统中的应用

在军事模拟训练系统中,利用战场可视化功能可进行真实感极强的战场勘察、武器装备操纵、军事指挥等训练,模拟训练、仿真推演过程也可在战场态势图上实时、准确地表示出来。这种方法代替沙盘和地图上的"图上作业"或"兵棋推演",增加了身临其境的感觉,可充分调动参训者的主观能动性,提高军事模拟训练的效果,相关效果如图 1-16 和图 1-17 所示。

图 1-16 三维可视化在模拟器中的展现效果

1.5.3 战场可视化在军事游戏中的应用

军事游戏是一种新型寓教于乐的教育训练方式,更易为广大青年官兵所欢迎和接受。同时对抗是军事游戏的基本特点,通过在游戏中构建虚拟战场,逼真模拟交战双方的激烈对抗,将战场特有的压迫感融入训练中来,从而使战术训练、指挥训练、协同训练得到深化和升华,体现实战化的训练要求。另外军事游戏软件维护方便,基于部队现有网络条件即可展开训练,性价比高,基于军事游戏手段建设显得更加重要,是对常规训练手段的有效补充。

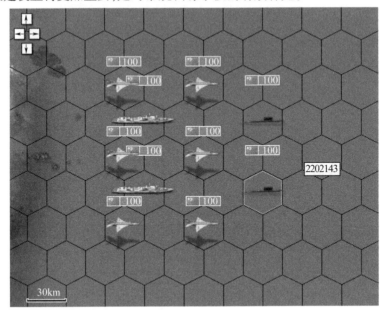

图1-17 战场可视化在兵棋中的展现效果

从操作模式上,军事游戏可分为技能操作式军事游戏、战术培养式军事游戏、作战指挥式军事游戏、协同配合式军事游戏、思想灌输式军事游戏等多类。在各类军事游戏中,战场可视化相关技术均得到广泛应用,包括:

(1)地理数据,主要用于构建军事游戏中的虚拟战场环境;

(2)三维建模技术,主要用于构建游戏中的相关装备模型、人物模型、地物模型等;

(3)人工智能技术,主要用于构建游戏中的虚拟智能兵力,包括友军及敌军,从而确保游戏中的虚拟兵力可以逼真模拟军事人员的思维、行动;

(4)交互技术,该技术主要提供给操作人员相关交互设备或方式方法,以使操作人员可控制游戏中的操控对象(包括人物或装备等游戏对象);

(5)三维图形引擎技术,该技术用于集成,即可将地理数据、三维模型、智能兵力、交互技术等进行综合集成,形成完整的游戏系统。

当前,军事游戏已在国内外得到广泛应用,在军事训练中发挥了良好作用,典型的军事游戏包括《战地系列》《光荣使命》《兵者诡道》等,如图1-18～图1-20所示。

第 1 章 战场及可视化

图 1-18 《战地系列》展现效果

图 1-19 《光荣使命》展现效果

图 1-20 《兵者诡道》展现效果

1.6 本书架构

本书共分三大部分,包括概述、技术支撑及应用。概述部分主要是阐述战场、战场环境、战场态势、可视化、战场可视化、战场环境可视化及战场态势可视化等概念,及战场可视化在军事中的应用;支撑技术方面主要介绍战场可视化实现涉及的关键技术,包括基础环境数据、军事地理信息系统、三维建模、三维图形引擎、虚拟现实、增强现实、混合现实等技术;在应用上,主要介绍了陆战场可视化、海洋可视化、气象可视化、电磁环境可视化、网络环境可视化、人文环境可视化、红外、微光夜视可视化及战场态势可视化,并分析了战场可视化的发展方向。

整体架构如图1-21所示。

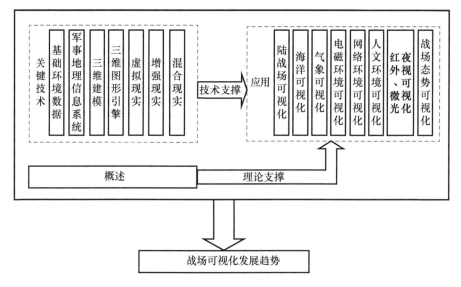

图1-21 本书架构

第 2 章
战场可视化基础环境数据

数据是对真实世界的一种描述和记录,通过一定的逻辑方法,对描述对象进行抽象的归纳、量化和总结。按照是否连续,数据可分为模拟数据和数字数据。数据运用一定的规则对对象进行描述,表现形式可以是文本、图像、符号等,也可以是多种形式的综合运用和组合。

战场环境可视化主要是对战场环境中的主要组成部分进行可视化,主要包括地理环境、气象环境、各类物理场环境和各种人文社会环境的可视化,是战场可视化的承载和基础。战场环境可视化的核心问题之一,是获取真实的、准确的、时效性强的环境数据,并对数据进行合理的组织和记录,以便于可视化系统软件的读取、处理和使用。

战场可视化基础环境数据主要包括地理环境数据、气象环境数据、电磁环境数据、核化生环境数据、人文社会环境数据等,具体构成如图 2-1 所示。

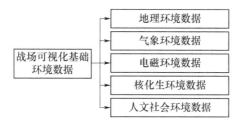

图 2-1 战场可视化基础环境数据组成

2.1 地理环境数据

战场地理环境数据主要是指战场中与作战关系紧密的,或各级参战人员关心的各种地理要素的数据,主要包含战场地表的起伏形态数据、地表覆盖物的土质和形态数据、各类地理要素的空间位置数据、战场上江河湖海的水文数据等。

在战场可视化领域,主要是使用相关地理环境数据,生成二维电子地图及三维地形,以将地理环境进行可视化展现。

战场地理环境数据采用计算机进行处理管理时,可分为矢量地图数据、栅格地图数据、遥感影像数据和数字高程模型数据。

2.1.1 矢量地图数据

要素层中的数据被抽象为一系列的点线面,用特定的描述方法进行描述。例如,点要素,可由点要素的编号加上该点在一定坐标系中的坐标构成;线要素则可由自身的线号加端点的点号构成,也可由一定规律的坐标序列来描述线;面要素则由自身的面编号提供索引,由构成边界线的有序线号描述边界,或由有序坐标序列描述边界。其余的其他类信息则由特定的规律记录相关属性文字或注记文字。采用点号描述线,线号描述面的方法,不会产生误差,存储效率也高,节约了存储空间,但在关系判断和计算时,往往更加复杂,需要更为繁杂的计算工作。另一种方法虽然存储量大,数据冗余,但相关计算会简便不少,所以,两种方法各有优长。

矢量地图数据当前存储格式多样,在民用及军用中有广泛应用,军用矢量地图数据有相关标准,对矢量数据的类型、存储的格式等信息有明确说明,在军事用途中多使用军用矢量地图数据进行二维电子地图展现、要图标绘等操作。

2.1.2 栅格地图数据

栅格地图数据将二维地图平面上的某类信息离散为某一元素阵列,阵列中的每一个要素可被称为像元。显而易见,这种存储方式能够很容易地在数字式存储方案中实现。像元的位置主要由其在阵列中的行列号来确定,而像元的具体属性则由相应的数值来表示。这个数值通常用来表示栅格图像中的某一类属性,如黑白图像中,该数值可以用于表示某一位置像素点的灰度值,或在彩色图像中某一位置在红、绿、蓝某一通道层中的数值。

每一个像元本身的尺寸大小由分辨率来衡量,其单位为 DPI。显而易见,单个像元所表示的实地面积范围不同,栅格地图数据的精度也不相同。栅格像元的大小与表示实地实际范围的大小之比被称作比例尺,单个像元表示的实地范围越大,则栅格数据的比例尺越小,表示的精度越低,该数据支撑的量测和计算结果的误差则越大,反之则比例尺越大,表示的精度也就越高,误差越小。

由于栅格数据记录的是某一位置的属性数值,其位置信息可以采用较为灵活的方法进行合并、简化表示,即采用一定的方法,将属性值相同的相邻像元位置(坐标)信息,采用简略的记录方法进行合并记录,这种方法被称作压缩编码方法。这种压缩通常是无损压缩,即压缩并不会影响属性记录的准确性。常见的压缩方式有链码、游程长度编码、块状编码、四叉树编码等。

一个栅格数据属性值只能表示地面的一类性质,多种属性则需要进行多个属性值记录,每一个属性值就形成了某一"层"栅格图像数据。记录可以采用在每个坐标位置后面以一定的顺序依次记录不同属性值的方法,也可采用一定的方法将某区域用边线描述出来,同时记录不同属性值,显然,这种记录方法的数据量比较小。

2.1.3 遥感影像数据

遥感,顾名思义,即"遥远地感知"。我们可以将遥感理解为人类对远距离的感兴趣的目标进行一定方法下的感知的技术,这种技术的核心包括目标信息的多渠道获取、信息的处理和误差的消除、目标位置的确定、目标属性的确定、目标的合理描述等。常见的遥感影像数据包括各种波段的电磁波的成像产品,获取的平台则主要包括各类遥感卫星和飞行器。这些平台在管理控制系统的指挥下,按照一定的位置和范围要求,通过平台上的各类传感器收集地面一定区域内的各类物体对电磁波的反射特性,将获取的数据通过传输系统传递到处理系统中进行加工,从而得出有效的遥感影像用于对地面目标的认知和标记记录,如图2-2所示。

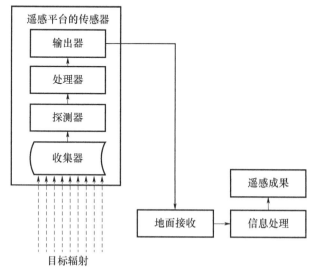

图2-2 遥感影像获取过程

按照获取平台的不同，常见的遥感影像数据常被称为卫星照片或航空照片。常见的卫星影像有 MSS、TM、SPOT、IKONOS、QuickBird 卫星影像。按照传感器获取图像方式的不同，遥感影像也可划分为主动式传感器和被动式传感器，可分别获取雷达图像、激光成像图像或可见光图像、多光谱图像等。可见光图像通常采用摄影照相机的方式获取图像。按照其工作原理，获取的图像有框幅式图像、扫描式图像、全景式图像等。在获取电磁波信息而成像的瞬间，可能产生因传感器倾斜而产生的影像倾斜误差、因大气状态而产生的光线折射、因镜头而产生的摄影畸变，以及因地面目标高程差异而造成的目标距离成像平面不同而产生的投影误差。遥感影像获取后，还应当采用一定的数学方法，将这些误差消除，以满足辅助认知战场环境的使用需求。

遥感影像是直观真实表现战场信息的重要手段。遥感影像所制作的正射影像图是战场可视化的一种表现形式，军事人员可以从遥感影像中，通过量测、分析比对、推理判断等过程，得到各种战场有用信息。这种判断方法可以依靠肉眼的观察，也可通过特定的方法，利用立体像对进行综合的判断，或借助特殊的仪器，辅助军事人员的判读和决策。人工判读的方法对判读人员的相关知识、技能和经验要求比较高，而且需要一定的背景资料的辅助。当然，随着计算机技术和相关方法的进步发展，利用计算机软件进行自动识别和辅助判读的方法也是获取战场信息的有效手段。判读的主要依据包含目标的光谱特性，如目标的颜色、亮度等；空间特性，如面积、尺寸、形状、阴影（比高）、纹理等；时间特性，如某一目标在某一持续时间段的变化过程。综合运用这些特性为正确判断战场信息，揭露伪装提供了方法和依据。

利用遥感影像也是制作战场影像地图的重要底图，战场影像地图是栅格式地图的一种。利用遥感影像数据，为修测军用地形图、制作现势性较好的专题地图提供了有效的支持。利用一定要求下拍摄的立体像对，可以快速获取大面积范围的地面高程信息。这些高程信息是绘制地形图、制作 GIS 地形数据的重要信息，也是制作各类三维地形模型的重要基础数据。

遥感影像也可在三维 GIS 软件或虚拟现实系统中作为某些地形模型的表面贴图，使这些地形模型在外表看起来更加逼真，更加趋近于实际地貌，同时，也可以在一定程度上弥补地形模型精度不高引起的不真实感，在可视化显示中能够发挥一定改善视觉效果的作用。

倾斜摄影测量可以得到的倾斜影像，结合获取影像时的遥感平台的位置信息和姿态信息，利用软件工具可以快速方便地进行地面三维模型的建立，是一种效率高、效果好、速度快、能够快速扩展的地物和地貌的模型建立方法。这种倾斜影像数据，也是战场可视化基础支撑数据的重要组成部分。

2.1.4　数字地形模型与数字高程模型

地形要素是战场环境各要素中较为主要的要素。地形要素分为地貌要素和地物要素,在战场可视化中,常采用一定的数学方法来描述地貌。地貌是指地表的起伏形态,是一个在三维空间连续变化的量。由于地貌的变化是一个很复杂的数学问题,用于表示这种变化的数学公式是非常复杂的,求出完全精确描述地貌变化的公式的工作量巨大,在实际应用中也无法快速操作使用,是一项完全没有必要的工作。所以,在实际的军事应用过程中常常采用一定的近似方法来表示地貌变化和地物的位置。

在战场可视化的工作中,通常使用的量化方法是标高法,即记录一定规律下的平面坐标上的点所对应的高程数值。这种方法将连续的地表平面进行离散化,选取某些特殊位置上的离散点用于近似表示实际的连续地貌变化。例如,将某一区域划分为间隔距离相等的网状格网,按照顺序记录每一个定点的高程值,而后可利用插值求取网格内某一点的高程值。其他的方法还有剖线法,即利用平行于某一平面坐标轴的一系列直线,与等高线相交,利用插值求出两剖线间某一点的高程。描述地形的另一种方法,就是根据地面的高程和高差特点,以及地表覆盖物的性质,将地形分为平原、丘陵、山地、高原、居民地、草地、碎石地等,显然这是一种概略描述的方法。

当前,常见的对地形进行描述的模型就是数字地面模型,即 DTM。这种模型按照一定的平面坐标顺序记录一定种类的地面属性,这种属性不仅包含高程数据,还包括地面可视化的各种属性,其建立和丰富扩展综合运用了包含遥感影像在内的多种地面测绘成果。

单一描述地面高程的模型被称为数字高程模型,即 DEM,这种模型规范了地面高程的记录规则,规定了相关文件的格式和元数据记录的数据种类、内容、格式等,以便于对地面高程起伏状态的描述。

DEM 的对地形的描述方法即建立某一点的高程值与其平面坐标的映射,可表示为

$$V_i = (X_i, Y_i, Z_i), \quad i = 1, 2, 3, \cdots, n$$

当平面坐标的排列顺序可以用某种默认的规则网格顶点的顺序规定时,该集合可以简化为

$$\{Z_i, i = 1, 2, 3, \cdots, n\}$$

这种格式仅记录了按照顺序排列的高程数值,而省略了相应的平面坐标值的记录,数据量较小。地形图中的平面位置描述可采用平面直角坐标系和地理坐标系两种方式划分,因而 DEM 也可分为这两种坐标系。

DEM记录地形的优点是显而易见的。利用这种方式记录地形,在一定的网格密度下,可以保证数据的精度。DEM可作为描述地形数据的基础,通过各种格式转换方法,转换为各类专用软件的专用格式的地形描述数据,显示的地形形式可根据软件的特点而具有多种特点。这种格式的记录方式比较适用于计算机进行存储和处理,容易实现快速的可视化地形生成和更新,也可方便地通过计算机进行地形的简化表示。

DEM实质上也是描述地面起伏的离散点序列,是一种描述地面的模型。这种模型也存在对地面的简化,体现这种简化的特点主要是平面上取样方法和取样点的密度。常用的取样方法是规则格网和不规则格网,或称为三角网。规则网是按照一定固定的网格间隔进行取样,数据存储和处理较为方便,结构较为简单,数据中省略了坐标值,因而数据量较小。同时,必须要看到,当这种格网的间隔较大时,在一些地形变化较为剧烈的地区,如较为陡峭的山峰或峡谷附近,地形记录的损失较大,一些地形的细部无法真实描述,而在一些地形较为平坦的地区,如平地上,又可以进行大量的简化,因而表现出较大的冗余性。不规则格网记录了平面上不规则的各点的高程值,这些不规则的点常被赋予到一些地形变化的关键节点,因而在描述剧烈变化的地形区域显得十分精确和便捷,在描述平坦地区时,也能大大减少节点数量,使每一个节点均"点尽其用",因而表现地形更加细致和真实。相较于等高线法,这种方法在数据计算方面更加便捷,也能够有效地规避数据的冗余。但由于需要同时记录点位平面坐标和高程值,有的还需要记录节点间的拓扑关系,因而相较于规则格网,有更大的数据量和计算量。两种方法各有优长,因而,将其结合应用是一种较为科学的思路。

2.2 气象环境数据

气象,是用于描述大气状态的能够量化的物理量和物理现象。这些量化的物理量包括气温、气压、湿度、风向、风速、降水、云、能见度等;物理现象包含常见的天气现象,如风、雨、雷、电、雪、雾等对军事行动有影响的现象。气象环境数据通常包含地面气象环境数据、高空气象环境数据和海洋气象环境数据。

气温数据是计量大气温度的物理量数据,军事上常常对某一日或某一时间阶段内的平均气温进行记录和统计,如日平均气温、月平均气温等。军事人员关心的还有每日的最高气温和最低气温数据。这些气温的实时量及其随一年内时间变化的趋势,是战场可视化的重要内容。

空气湿度是另外一种战场气象环境的数据,常用来表示空气中水汽的含量。相对湿度是指在某一特定环境条件下,所处战场环境中空气中的水汽压与饱和水汽压的比值换算为百分数,常常记录多年内同一天若干时间点的平均值,作为该日的日平均相对湿度。

风向即风的方向,也就是风吹来的方向;风速即风的速度,常用相应的速度单位来表示。各个风向的平均风速,是指单一方向上全部观测记录下风速的平均值。风向和风速的日变化是军事人员较为关心的。

云对未来天气的走向是一个十分重要的影响因素,其数量、形状、走势也是反应大气物理状况的重要征兆。战场可视化主要关心一定时间区间之内的平均云量数据。

另外,某一区域的月平均阴晴天数也是反应天气状况的另一主要指标。平均降水量、平均雨日数、平均雪日数、平均大风日数、平均雷暴日数也是战场可视化关心的重要数据。

这些反应气象状况的各类数据可以采取要素统计信息表来反映,按照一定的顺序记录某区域的统计数据,数据类型按照规定的变量类型表示。

气象数据对可视化的支持表现在两个方面,一是在某些场景下参与战场环境仿真,显示战场环境效果,直观显示气象情况对战斗行动的影响;另一种就是以某种等值线或者某种图形方式显示某一区域气象特性的分布和变化情况。

2.3 核化生环境数据

战场核化生环境是未来战场环境重要的一环,对部队指挥员的军事决策和作战人员的相关军事行动有重要的影响作用,是战场可视化中不可或缺的部分。核化生环境数据不仅包括使用后对环境的影响、次生核化生危害,同时也包含敌方使用核化生武器的威胁因素。在生成数据时,应当分类描述,实时更新。

战场核环境数据,通常包含核武器种类数据、核武器的攻击类型(如陆上、水上攻击)、爆炸方式(如空中爆炸、地面爆炸、地下爆炸等)。对武器、工事、人员的损伤、杀伤和危害程度,次生灾害的范围和强度,也是该类数据中的关键。

战场化学环境数据,通常包含毒剂类型、名称,施放的位置、范围、持久性、边界等,以及相关次生灾害的信息等。

战场生物武器环境数据,通常包含生物战剂的种类、名称、施放时间、位置、范围等,同时包含其引起的次生灾害的信息。

2.4 电磁环境数据

电磁环境数据主要包括电磁环境背景数据和电子对抗环境数据两种类型。

1. 电磁环境背景数据

电磁环境背景数据是由各种军用、民用和自然电磁辐射源环境形成的背景性电磁环境数据,一般以发布实体(辐射源)属性的方式表示,具体数据内容如下:

(1)军用辐射源包括雷达、电台军用用频设备;

(2)民用辐射源包括电视塔、移动基站、变电站等民用电磁辐射设备或设施;

(3)自然辐射源包括雷电、地磁自然界的电磁辐射现象;

(4)背景辐射源属性数据包括辐射源类型、辐射源位置、辐射频率、辐射功率、辐射范围,并采用电磁辐射源属性数据统一描述。

2. 电子对抗环境数据

电子对抗环境数据是由电子对抗生成的电磁环境数据,包括有源干扰数据和无源干扰数据,以发布实体(干扰源)属性的方式表示,具体数据内容如下:

(1)有源干扰数据包括干扰源类型、干扰源位置、干扰源频率、干扰源功率、干扰范围;

(2)无源干扰数据主要是指箔条走廊属性数据,包括箔条走廊的位置、长度、宽度、厚度、密度和滞空时间。

2.5 人文社会环境数据

战场人文社会环境一般包括政治环境、经济环境和人文环境等。政治环境数据主要体现在政治活动与地理空间分布相关的规律和特点,包含国家、政治制度、政党、政区等概念和相关数据;经济环境数据主要反映某一区域内的经济行为、经济活动、经济实力、经济潜力等相关的数据,因而与资源、经济结构、地域分布、交通情况等紧密相关。文化因素包含的数据较为广泛,主要包含人口数量、各种结构、受教育程度、人口特点,民族宗教及其分布,还包括反映某一地区软实力的科技、教育、卫生等发展状况的数据。这些数据可能的表现形式包含文字、音视频、图形、图表等。这些数据分布广泛,时效性强,获取渠道较多,但信息质量良莠不齐,数据格式千差万别,在运用时应当考虑其出处,注意判断,去伪存真。

第 3 章 军事地理信息系统

地理信息系统是一种信息管理系统,其特殊之处在于其管理的信息是地理空间信息,随着信息化的发展,在民用和军用中,涉及的地理空间信息越来越多。在民用中,围绕我们的衣食住行,地理信息系统都潜移默化地在发挥作用,被我们不知不觉地应用着,如订购外卖、出行导航、搜寻目的地等,均是地理信息系统依托地理空间信息在进行处理、计算,从而推送给我们相关结果,在军用中,地理信息系统发挥的作用更明显,战场中各方兵力当前的位置信息、战场情况的可视化呈现等,均是地理信息系统的应用。

本章介绍地理信息系统及军事地理信息系统的基本情况,并简要介绍我国当前发展的典型军事地理信息系统产品,以供读者参考借鉴。

3.1 地理信息系统的概念、功能及应用

3.1.1 概念

地理信息系统(geographic information system,GIS),是为了获取、存储、检索、分析和输出显示地理空间数据(spatial data)而建立的,用计算机技术实现的信息管理系统。

对地理空间数据的定义较多,一般认为是指与地理空间位置有关的、表达地理客观世界各种实体性质的数据。通俗地说,地理空间数据就是描述空间中地物或现象的相关信息。比如,描述一座教学楼,教学楼的位置、教学楼的楼高、教学楼可以容纳的总人数、修建的年代等,这些信息都是来描述教学楼的,都是地理空间数据,如图 3-1 所示。

地理空间数据具有三个基本特征。

第一个特征是空间特征,空间特征表示空间中的地物或现象的空间位置或现在所处的地理位置,一般是以坐标数据表示,如经纬度、高斯坐标等。

图3-1 教学楼

第二个特征是属性特征,它描述地物或现象的相关特性或属性,例如,高度、宽度、级别、数量和名称等,如河流的深度、水深、公路的宽度等。

第三个特征为时间特征,该特征描述空间地物或现象的属性信息、空间位置等信息的采集时间、获取时间,大家知道,随着时间的流逝,一些信息是会发生变化的,它不是静止不变的,比如,河流的水深,一年四季其深度可能是不同的,所以信息一定要有时间,否则可能失去意义。

地理空间数据就是描述空间地物或现象的空间位置、属性及时间的相关信息,如图3-2所示。

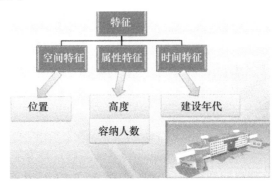

图3-2 教学楼空间数据

信息管理系统是对信息进行管理的系统。比如,图书管理系统,也是信息管理系统,它管理的是书的信息,而地理信息系统特殊之处在于其管理的信息是地理空间数据。

地理信息系统按照展现样式不同,可分为二维地理信息系统和三维地理信息系统。二维地理信息系统是采用二维电子地图的形式来展现环境,三维地理信息系统是采用三维形式展现环境。

目前地理信息系统已应用到多个行业,如手机、车载的高德导航系统、百度地图等,都是非常典型的地理信息系统的应用,如图3-3、图3-4所示。

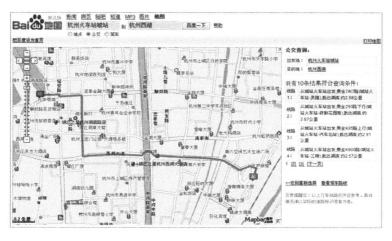

图 3-3　典型二维地理信息系统

图 3-4　典型三维地理信息系统

3.1.2　功能

在一个实用的地理信息系统中,必然要具备空间数据的采集、管理、处理、分析、输出,以及二次开发这些基本功能。

1. 数据采集与输入

数据采集与输入是指将系统外部的各种数据写入 GIS 内部并使其满足 GIS 管理要求的过程。不同的数据类型与存在方式需要采用不同的输入方法,如地图数据采用数字化方法输入、数字测量数据(GPS、全站仪)可直接导入、报表文字数据直接输入等,如图 3-5 所示。

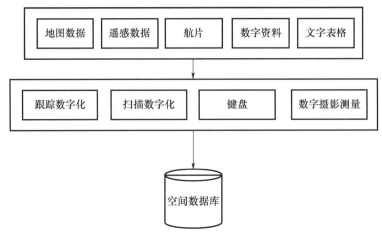

图 3-5　GIS 数据输入

2. 数据处理与更新

数据处理主要包括图形数据处理与属性数据处理。由于在数据采集与输入的过程中,不可避免地存在一些问题,如空间数据的存放位置不对,要素的重合、悬挂、欠交,要素属性赋值不对或没有赋值等。一般来说,图形数据的处理主要包括拓扑关系建立、常见图形编辑、图形整饰、图幅拼接、图形变换、投影变换、误差校正、数据重构等。

由于空间数据具有时间特征,即随着时间的变化,空间数据也会发生变化,因此需要不断地更新空间数据才能满足实时管理的需求。

3. 数据存储与管理

GIS 数据库需要存储空间数据和属性数据,除可采用传统的 RDBMS 来存储属性数据外,空间数据是 GIS 数据管理的中心。空间数据管理的主要内容有空间数据库的定义、空间数据库的逻辑设计、物理实现和空间数据的组织等。

4. 空间查询与分析

空间查询与分析是 GIS 的特有研究领域及核心所在,也是 GIS 最有魅力的功能。它通过建立各种空间关系来查找和获取用户需要的空间数据,通过拓扑叠置、缓冲区建立、网络分析等手段提升地理信息系统管理、分析和决策的能力。

5. 产品制作与输出

由 GIS 系统处理与分析而产生的各种图、表、卡、册,可以为专业人士进行决策提供服务。其中地图输出是 GIS 产品的主要表现形式。

6. 二次开发与编程

GIS 与应用相结合才能发挥其生命力,而与应用相结合,GIS 必须具备的基本功能是提供二次开发环境,包括地图控件、开发环境等。用户通过简单的开发就可定制自己的 GIS 应用系统。

3.1.3 应用

地理信息系统的典型应用包括:

(1)灾害监测。比如,森林火灾、洪水的监测,如图 3-6 所示。在 M370 马航事件中,对飞机的定位、航线预计、坠毁海域的监测,都会用到 GIS。2010 年玉树地震,也曾利用 GIS 对地震造成的灾害进行监测,如图 3-7 所示。

图 3-6 灾害监测

图 3-7 地震灾区遥感图

(2) 土地调查。包括土地的调查、等级、统计等。

(3) 环境管理。如环境监测系统。

(4) 作战指挥。美国从1991年海湾战争起,国防制图局开始提供战场GIS服务,为军事决策提供24小时的实时服务,如图3-8所示。

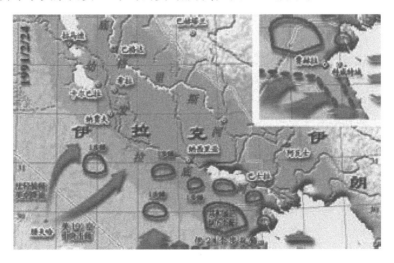

图3-8 军事指挥

从以上应用可以看出,地理信息系统目前已渗透到各个行业,与每一个人都有联系。随着地理信息系统在军事领域的深入应用,逐渐形成了专有的地理信息系统:军事地理信息系统。

3.2 军事地理信息系统的概念、功能及应用

3.2.1 概念

军事地理信息系统(military geographic information system,MGIS)是地理信息系统技术在军事方面的应用,是指在计算机软硬件的支持下,运用系统工程和信息科学的理论和方法,综合地、动态地获取、存储、管理、分析、显示和输出军事地理环境信息的技术系统。

同地理信息系统一样,按照展现样式,军事地理信息系统可划分为二维军事地理信息系统和三维军事地理信息系统。

军事地理信息系统的特点是面向军事应用,功能也均是按照军事需求来设定的。目前军事地理信息系统主要应用于指挥信息系统、战场数字化建设和军事决策支持中,军事地理信息系统在现代高科技战争中具有越来越重要的地位和作用。

3.2.2 功能

1. 数据输入、编辑

通过各种数字化设备将现有地图、外业观测成果、航空相片、遥感数据、文本资料等转换成计算机兼容的数字形式,也可以通过网络数据传输或读取磁盘、磁带等存储介质已有的数据,如图3-9所示。

图3-9 数据采集

2. 数据存储管理

数据存储管理主要用于存储空间数据、专题数据、文档及音/视频数据。与民用GIS不同的是,不但存储位置信息、属性信息及关系描述信息,还存储相关军事知识、军事专家经验等信息,以便在军事辅助决策时使用。存储设备如图3-10所示。

3. 空间分析、查询功能

以存储的空间数据为对象,调用相关分析模型或查询模型,对信息进行查询分析。如侦察时的通视性分析、行军路线最优路径分析等。

图3–10 存储设备

4. 辅助军事决策

辅助军事决策是高层次、智能的功能,是基于地理空间数据、方法、模型,帮助决策者评估、做出决策方案,如自动给出作战地域的地形对作战有哪些影响的分析。

5. 地图制图与输出系统

以地理空间数据、相关符号库为基础,直接绘制专题图,包括电子屏幕地图、电子沙盘、作战要图的制作与输出,并支持打印输出。

这五个功能是环环相扣的:首先采集获取数据,由于要用计算机来处理,那就有这些数据如何表示的问题,也就是数据格式;将多种来源格式的数据转化为本系统内部支持的格式,采用存储技术(如数据库)将数据进行存储;而后对存储的数据进行处理,就是空间查询分析,这是地理信息系统的核心功能,比如,地名查询、距离量算、坡度量算、路线查询等功能;在这些分析的基础上,利用存储的军事知识和专家经验,辅助对指挥员进行决策;数据的显示和输出是中间处理过程和最终结果的屏幕显示,例如,导航线路的显示、卫星照片显示、地图等。

3.2.3 应用

MGIS在军事上的应用十分广泛,主要表现在以下几个方面。

1. 在指挥信息系统中的应用

一切战略、战役和战术的作战指挥都离不开战场地理环境,MGIS无疑已成为指挥信息系统的军事地理环境平台。它可以为作战指挥提供完善的军事地理环境信息、战场综合信息、联合作战数字地图等，并为军事决策支持提供作战方案模拟和作战过程推演的技术手段和工具。

2. 在数字化战场建设中的应用

提供战场数字化建设需要的多分辨率数据框架。战场空间数据框架，是其他战场地理环境信息定位的基础，主要包括大地测量控制数据、正射影像数据、数字高程数据、航行障碍物数据、助航设备数据、交通数据、水文数据、行政单元数据和地籍数据等。

提供基于战场图像的敌我态势信息。它是基于对战场实施实时监测的卫星遥感和无人机侦察的高分辨率图像的目标识别所获取的信息。

提供战场多媒体军事专题信息。指挥员要全面认知战场地理环境离不开定位于空间数据框架的各种军事专题信息，如影响战时兵力动员的战区人口分布及年龄结构、文化结构和职业结构等。

提供对战场空间数据和军事专题数据进行更新的技术手段。MGIS 作为战场数字化建设中同遥感、全球定位系统集成的基础平台，可以采用基于 MGIS 与遥感集成的数据进行更新和基于 MGIS 与全球定位系统集成的数据进行更新。

数字化战场示意图如图 3-11 所示。

图 3-11　数字化战场示意图

3. 在现代化武器系统中的应用

现代化武器系统或计算机武器系统的精确打击,是需要数字地图、影像专题地图和卫星定位系统作保障的,如导弹在飞行过程中,需要适时观测,将获得的位置数据和高程数据与存储在导弹制导器中的数据进行对比,根据匹配情况,对导弹飞行路线进行实时修正,如图3-12所示。MGIS 的数字地图数据和数字高程模型数据、数字正射影像数据、重力数据,再配合卫星定位系统,可以有效地保障远程武器的发射沿规划航迹飞行和精确命中。

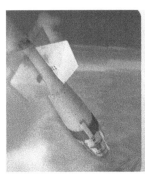

图3-12　导弹飞行

3.3　军事地理信息系统典型软硬件结构

MGIS 是一种通用性很强的技术系统,集地理数据采集、存储、管理、分析和辅助决策为一体。MGIS 要高效、有序运行使用,必须具有与之功能匹配的硬软件环境、必要的功能模块和友好的用户界面的支持。

3.3.1　MGIS 的硬件系统

MGIS 的硬件设备构成 MGIS 的物理外壳。系统的规模、精度、速度、功能、形式、使用方法甚至软件都与硬件设备的配套有极大关系,受到硬件指标的支持和制约。MGIS 由于其任务的复杂性和特殊性,必须由计算机与外围设备连接形成一个 MGIS 的硬件环境。其硬件配置一般包括四个部分,即计算机(这是核心)、数据存储设备、数据输入设备、数据输出设备。硬件构成如图3-13所示。

1. 计算机

计算机是 MGIS 的核心,它并不是大家认为的普通意义上的计算机,更确切地说,应该是计算机处理器,是用作数据和信息的处理、加工和分析的设备,是 MGIS 系统中的"大脑",可以组网也可以单独使用。它的主要部件由中央处理器和主存储器构成。

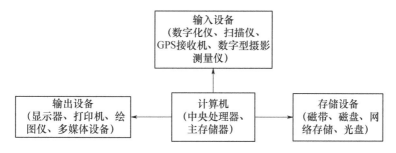

图 3-13 MGIS 硬件构成

目前能运行 MGIS 的计算机包括大型机、中型机、小型机、工作站和微型机。工作站、微型机的处理速度、内存容量、工作性能已达到中型机的水平,另外性价比也较高,比较适合 MGIS 中的数据处理,而中、大型机可作为数据服务器提供网络数据服务。

2. 存储设备

MGIS 是由大量数据支撑的。说"大量"还不够,可以说是"海量",没有海量的数据存储,MGIS 就像没有河水的河道,干涸、没有生命力。大家操作一个 GIS,如果没有数据,可以说什么都做不了。由于 MGIS 目前存储的数据量日益增大,用户种类、使用方式日益增多,采用先进的存储技术和存储设备可有效解决数据存储和处理问题。

3. 数据输入设备

MGIS 的数据输入设备除键盘、鼠标等基础设备外,还包括数字化仪、扫描仪、解析和数字摄影测量仪、电子速测仪、GPS 接收机等其他测量仪器,如图 3-14 所示。

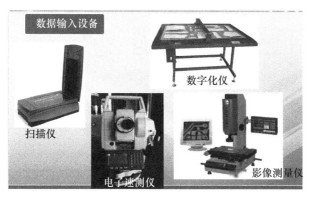

图 3-14 输入设备

4. 数据输出设备

数据输出设备主要有显示器、打印机、绘图仪等。

了解了 MGIS 的硬件结构,我们再来看一下 MGIS 的软件体系结构。

3.3.2 MGIS 的软件体系结构

MGIS 软件体系结构主要的依据来自军事需求及 MGIS 应用发展情况。它不是一个固定的结构,会随着需求和 MGIS 技术的发展而发展。

首先,军事应用中对 MGIS 的需求,除了 GIS 中地理数据采集、存储、管理等基础功能外,军用方面还必须具有空间分析、战场情况预测及辅助决策的功能。从功能及其发展看,MGIS 可以分为管理型、分析型和辅助决策型。作为现代条件特别是高技术条件下的军事地理环境工作平台,MGIS 应该是辅助决策型的,应具有数据管理、空间分析及辅助决策的功能。

按照以上需求,MGIS 软件体系结构如图 3-15 所示。

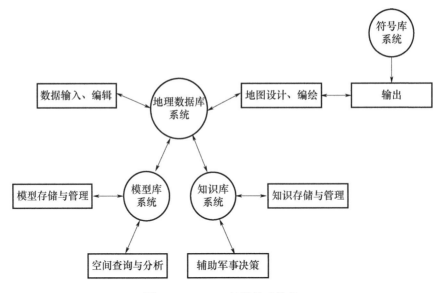

图 3-15 MGIS 软件体系结构

首先,从 MGIS 软件的入口开始,需要数据输入和编辑模块。

1. 数据输入、编辑

这个模块接收的是各种数字形式的资料,因此通过各种渠道获得的资料必须先经过各种数字化设备转换成计算机兼容的数字形式,例如,纸质的地图、非数码设备拍摄的影像等。

有了数据,需要把它们存储管理起来,那就需要数据库,即地理数据库系统。

2. 地理数据库系统

地理数据库系统存储空间数据、文档及音/视频数据,包括位置信息、属性信息及关系描述信息、相关军事信息、重要地点的照片等。

3. 分析、应用支撑系统

这部分包括图中的模型库、知识库及符号库。

模型库:各种分析应用模型的集合,包括模型的建立、存储和管理。

知识库:作战指挥、军事行动等知识经验的总结,是进行辅助决策的核心,包括知识的获取、表示、组织管理。

符号库:包括地图符号库和军标库。地图符号库主要用于地图显示与输出,军标库主要用于态势标绘。

基于这个系统,MGIS 有两项应用子系统:空间查询和分析、辅助军事决策。

4. 空间查询和分析子系统

以地理数据库为基础,从模型库中调用相关分析模型,解决军事中的地理空间分析问题,如侦察时的通视性分析、行军路线最优路径分析等。

5. 辅助军事决策子系统

在地理数据库、分析应用支撑子系统的支持下实现,是一种由数据、方法、模型和智能支持的军事决策支持系统,最终目的是帮助决策者评估并做出决策方案,如作战仿真、方案评估方面的应用。

最后,要将结果进行输出。

6. 地图制图与输出子系统

以地理数据库、符号库为基础,利用基于 MGIS 的地图制图功能,直接绘制专题地图。如电子屏幕地图、电子沙盘、作战要图的制作与输出,并支持打印输出。

3.4 时空基准

现代作战的主要形式是一体化联合作战,全军必须要有统一的空间基准和时间基准。时空基准是保证一切军事行动协同一致的物质基础。在 MGIS 中,地理空间信息平台要能够保证各军兵种所有参战人员均在统一的坐标系统看到相同的数字地图。

3.4.1 空间基准

空间基准是确定地理空间信息的几何形态和时空分布的基础,是反映真实世界空间位置的参考基准。需要掌握地理空间坐标系统和地图投影的相关知识,才能正确理解和使用 GIS。

地理空间坐标系统,是将地球看作椭球体,原点位于椭球体的中心,Z 轴与地球自转轴平行;X 轴和 Y 轴位于椭球的赤道面上,其中 X 轴平行于起始天文子午面,Y 轴垂直于 X 轴和 Z 轴,组成右手坐标系。

这个坐标系看似简单,而实际上椭球体的中心在哪里,赤道在哪里? 需要精确的空间大地测量。因此地理空间坐标系统的建立与维持经历了一个漫长的过程。

在空间大地测量技术出现以前,坐标系都是依据某一局部区域的天文、大地、重力资料在保证该区域的椭球面与大地水准面吻合得最好的条件下建立的。所以各地所建的坐标系原点各不相同。这样建立的坐标系,坐标原点一般不会与地心重合,其中心在地球质心附近,称为参心坐标系。目前全球应用最广和精度最高的地球参考系是 ITRF 和 WGS – 84。前者是国际地球参考框架,每年公布一个数据,目前应用的是 ITRF – 97 和 ITRF – 2000;后者是美国军方公布的数据,GIS 即采用这一参考系。

随着空间大地测量技术的发展,对地球质量中心的测量精度逐步提高,现在的精度已达到了厘米级,这为地心坐标系的建立奠定了坚实的基础。地心坐标系的原点位于地球(含大气层)的质量中心;Z 轴与地球自转轴重合,X 轴和 Y 轴位于地球赤道面上,其中 X 轴指向经度零点,Y 轴垂直于 X 轴和 Z 轴,组成右手坐标系。地心坐标系是全球统一的大地坐标系。

举个简单的例子说明参心坐标系与地心坐标系在使用中的区别。根据参心坐标系建立的我军 MGIS 与美军 MGIS,对于同一目标的定位坐标是有差别的,因为二者使用的参心坐标系的坐标原点与坐标轴方向可能不同。而根据地心坐标系建立的我军 MGIS 与美军 MGIS,对于同一目标的定位坐标是一致的,因为地心坐标系是全球统一的大地坐标系,原点与坐标轴方向一致。

我国目前使用的地心坐标系被称为 2000 中国大地坐标系(China Geodetic Coordinate System 2000,CGCS2000)

3.4.2 时间基准

计量时间包括两个方面:一是确定时刻,即某一事件发生的瞬间;二是确定时间间隔,即事物的某一过程所经历的时间长度。时间计量的标准即时间计量系统。

精确时间系统在军事上有重大的应用价值。未来战争将是由多军兵种高度配合下的信息化战争,高度统一的时间频率是实施信息化联合作战的基础和前提,高精度的时间基准已经成为当今世界军事指挥和武器装备系统中的核心技术之一。

目前,我军已建立了自己的时间基准——中国军用原子时。

3.5 军事地理信息系统数据源

MGIS 的数据源是指建立军事地理信息系统数据库所需要的各种类型数据的来源。军事地理信息系统的数据源是多种多样的,主要包括如下。

1. 地图(资料)

各种类型的地图是 MGIS 最主要的数据源,因为地图是地理数据的传统描述形式,是具有共同参考坐标系统的点、线、面的二维平面形式的表示,内容丰富,图上实体间的空间关系直观,而且实体的类别或属性可以用各种不同的符号加以识别和表示。大多数的 MGIS 系统其图形数据大部分都来自地图。

2. 影像资料

遥感影像是 MGIS 中一个极其重要的信息源。通过遥感影像可以快速、准确地获得大面积的、综合的各种专题信息,航天遥感影像还可以取得周期性的资料,这些都为 MGIS 提供了丰富的信息。但是因为每种遥感影像都有其自身的成像规律、变形规律,所以对其应用要注意影像的纠正、影像的分辨率、影像的解译特征等方面的问题。

3. 实测数据

各种实测数据特别是一些 GPS 点位数据、地籍测量数据常常是 MGIS 的一个很准确和很现势的资料。

4. 统计数据

国民经济的各种统计数据常常也是 MGIS 的数据源。如人口数量、人口构成、国民生产总值等。

5. 文字资料

与空间信息有关的各种专著、报告、论文、调查资料文献等。

3.6 军事地理信息系统发展

1. MGIS 产品在军事领域向多层次方向发展

为满足不同军事用户需要,MGIS 将逐步发展成为战术、战役、战略等不同层次的军事地理信息系统。战术 MGIS 主要服务于各种作战分队执行战斗任务,其用户是师、旅、团和分队;战役 MGIS 主要服务于制订战役计划,实施指挥控制,其用户以军、兵团为主;战略 MGIS 主要服务于战略研究和战略决策,属于国家级 MGIS,其用户为国家最高军事指挥机构。各层 MGIS 根据功能需求不同可按需定制,灵活装配。

2. MGIS 向资源共享和远程互操作方向发展

超媒体网络 GIS、构件式 GIS 和开放式 GIS 技术广泛应用于 MGIS 中,将军内外分布在不同地点、不同部门的各种与军事有关的信息连接起来。对 MGIS 模块可随时进行分解和组装,其各大功能模块可来自不同厂家和不同时期的产品,根据应用要求,通过可视化界面和方便的接口将其有效地组合在一起。建立统一的 MGIS 行业标准和接口环境,实现不同空间数据之间、数据处理功能之间、不同系统之间和不同部门之间的远程互操作和互运算,实现军事地理资源共享,为瞬息万变的战场服务。

3. MGIS 向开放性方向发展

在这里,开放有两个含义,一是数据交换标准的实施,二是 MGIS 与其他系统的功能模块的兼容。

基础数据库的产出周期较长,完成其建立需要很大的人力、物力和财力,目前还不能达到实用的程度。但纵观全国的情况(包括民用),各部门大量重复进行数字化工作,却缺少数据流通,造成极大的浪费,所以制订数据交换标准很有必要。数据交换标准不仅包括数据交换格式的规范,还应包括数据互操作标准和共享平台标准。一个 MGIS 应具备多种主流数据格式的输入,以达到最大程度的信息共享。

另外,MGIS 应具有融合工业界先进软硬件产品的能力,构成理想的用户化的 MGIS 应用系统,尽可能方便地进行更新和扩充。例如,ERDAS 软件是美国较成熟的集遥感图像处理和 GIS 于一身的软件包。ERDAS 的遥感图像处理功能极强,它和世界著名的地理信息系统软件 ARC/INFO 不仅有数据文件相互转换的程序,而且有在己方环境中执行对方命令的能力。这样,ERDAS 和 ARC/INF 在图形、图像的功能上相互补充,达到了完美无缺的地步。

4. MGIS 可探索使用网络 GIS(WebGIS)、构件式 GIS(ComGIS)及 3S 集成技术

WebGIS 是通过 Internet 连接无数个分布在不同地点、不同部门、独立的 GIS 系统,具有 Client/Server 结构。Client 具有获得信息和各种应用的功能;Server 具有提供信息和信息服务的功能。这些功能包括:实现地理信息在 Internet 环境下的传输和浏览及在 Internet 上地理信息的时间、空间和属性的有机融合;实现地理信息的图形、图像和文本的双向或多向的可视化查询和检索;实现 Internet 上空间数据的在线空间分析;作为"数字地图"的用户接口界面,WebGIS 具有一个不同分辨率尺度下的空间数据三维可视化的浏览界面和多维信息的集成显示

技术。

  ComGIS 是面向对象技术和构件式技术在 GIS 软件开发中的应用,是提高软件重用率、降低软件开发和维护成本、缩短研制周期的有效方法。它的基本思想是将 GIS 的各大功能模块分解为若干个构件或控件,每个构件完成不同的功能,这些构件可以是来自不同厂家和不同时期的产品,可以用任何语言开发,开发的环境也无特别限制。各个构件之间可以根据应用要求,通过可视化界面和使用方便的接口可靠而有效地组合在一起,形成最终的应用系统。

  3S 集成技术是将 GIS(地理信息系统)、RS(遥感)及 GPS(美国的全球定位系统)集成使用,我国应用需将 GPS 换为北斗卫星导航定位系统。集成三种技术,可发挥三种技术的有效性,形成互补,三者之间的相互关系可形象的描述为"一个大脑,两只眼睛",即 RS 和 GPS(或北斗)向 GIS 提供或更新区域信息及空间定位,GIS 进行相应的空间分析,以从 RS 和 GPS 提供的浩如烟海的数据中提取有用信息,并进行综合集成,使之为军事决策提供依据。

第 4 章 三维建模

采用三维形式展现战场,以三维立体的形式呈现战场情况,展现样式更加符合人的观察习惯,也更能获取、呈现翔实的战场信息。在三维展现中,各类建筑物、植物等地物,各类装备、人员等战场实体,需要采用三维模型来进行展现,上述三维模型均是采用三维建模技术进行构建的。

本章介绍三维建模基础知识,并简要介绍三维建模常用工具,以供读者参考。

4.1 概述

4.1.1 基本情况

三维模型是物体的多边形表示,通常用计算机或者其他视频设备进行显示。显示的物体可以是现实世界的实体,也可以是虚构的物体。任何物理自然界存在的东西都可以用三维模型表示。

三维模型经常用三维建模工具这种专门的软件生成,但是也可以用其他方法生成。作为点和其他信息集合的数据,三维模型可以手工生成,也可以按照一定的算法生成。尽管通常按照虚拟的方式存在于计算机或者计算机文件中,但是在纸上描述的类似模型也可以认为是三维模型。三维模型广泛用于任何使用三维图形的地方。实际上,它们的应用早于个人电脑上三维图形的流行。许多计算机游戏使用预先渲染的三维模型图像作为图片对象(sprite)用于实时计算机渲染。

现在,三维模型已经用于各种不同的领域。在医疗行业使用它们制作器官的精确模型;电影行业将它们用于活动的人物、物体及现实电影;视频游戏产业将它们作为计算机与视频游戏中的资源;在科学领域将它们作为化合物的精确模型;建筑业将它们用来展示提议的建筑物或者风景表现;工程界将它们用于设计新设备、交通工具、结构,以及其他应用领域;在最近几十年,地球科学领域开始构建三维地质模型。

三维模型本身是不可见的，可以根据简单的线框在不同细节层次进行渲染，或者用不同方法进行明暗描绘。但是，许多三维模型使用纹理进行覆盖，将纹理排列放到三维模型上的过程称作纹理映射。纹理就是一个图像，但是它可以让模型更加细致并且看起来更加真实。例如，一个人的三维模型如果带有皮肤与服装的纹理那么看起来就比简单的单色模型或者是线框模型更加真实。

除了纹理之外，其他一些效果也可以用于三维模型以增加真实感。例如，可以调整曲面法线以实现它们的照亮效果，一些曲面可以使用凸凹纹理映射方法以及其他一些立体渲染的技巧。

三维模型可做成动画，例如，在电影和计算机与视频游戏中大量地应用三维模型。它们可以在三维建模工具中使用或者单独使用。为了容易形成动画，通常在模型中加入一些额外的数据，例如，一些人类或者动物的三维模型中有完整的骨骼系统，这样运动时看起来会更加真实，并且可以通过关节与骨骼控制运动。

4.1.2 关键要素

在三维建模中，为了得到具备真实感的三维模型，在建模时，还要考虑光照、纹理、材质等要素。

1. 光照

光照模型是根据光学物理的有关定律，计算在特定光源的照射下，物体表面上一点投向视点的光强。

计算机图形学的光照模型分为局部光照模型与全局光照模型。

局部光照模型仅考虑光源直接照射到物体表面所产生的效果，通常假设物体表面不透明且具有均匀的反射率。局部光照模型能够表现出光源直接投射在漫反射物体表面上所形成的连续明暗色调、镜面高光，以及由于物体相互遮挡而形成的阴影。

整体光照模型除了考虑上述因素外，还考虑周围环境对物体表面的影响，能模拟镜面的映像、光的折射，以及相邻表面之间的颜色辉映等精确的光照效果。

2. 材质

物体表面对光的吸收、反射和透射的性能，在简单光照模型下，可以只考虑材质的反射特性来建立物体的材质模型。

同光源一样，材质也由环境色、漫反射色和镜面反射色等分量组成，分别说明了物体对环境光、漫反射光和镜面反射光的反射率，如图 4-1 所示。材质决定物体的颜色，在进行光照计算时，材质对环境光的反射率与光源的环境光分量相结合，对漫反射光的反射率与光源的漫反射光分量相结合，对镜面反射光的反射率与光源的镜面反射光分量相结合。由于镜面反射光影响范围很小，而环境光是常数,所以物体的颜色由材质的漫反射光反射率决定,如图 4-2 所示。

材质名称	RGB分量	环境光反射率	漫反射光反射率	镜面反射光反射率	高光指数
金	R	0.247	0.752	0.628	50
	G	0.200	0.606	0.556	
	B	0.075	0.226	0.366	
银	R	0.192	0.508	0.508	50
	G				
	B				
红宝石	R	0.175	0.614	0.728	30
	G	0.012	0.041	0.527	
	B				
绿宝石	R	0.022	0.076	0.633	30
	G	0.175	0.614	0.728	
	B	0.023	0.075	0.633	

图 4-1 常用物体的材质属性

图 4-2 材质漫反射光反射率对物体颜色影响效果图

3. 纹理

纹理通常指物体表面细节,采用二维图像来定义物体表面材质的漫反射率的纹理被称为颜色纹理,在光照模型中适当扰动物体表面的单位法矢量的方向产生表面凹凸效果的方法,被称为几何纹理。

计算机图形学中的纹理(texture)一词通常是指物体表面细节。现实世界中的物体表面具有丰富的纹理细节,人们正是依据这些纹理细节来区分各种具有相同形状的物体。

1974年,美国计算机科学家 Edwin E. Catmull 首先采用二维图像来定义物体表面材质的漫反射率,这种纹理被称为颜色纹理。

1978年,美国计算机科学家 Jim Blinn 提出了在光照模型中适当扰动物体表面的单位法矢量 N 的方向产生表面凹凸效果的方法,被称为几何纹理。

上述两类纹理是最常用的纹理类型。

自然景象具有丰富的纹理细节,人们的眼睛也紧密地依赖于纹理的暗示来感知景象的构造和目标的材质,它是为坦克乘员、飞行员提供速度、加速度、高度、地面倾斜度等感觉的主要来源。另外,对了解目标在周围环境的相对大小及其相互关系也是有帮助的。纹理细节对飞行训练中的起飞、着陆、直升机的地形跟踪及贴地飞行等训练科目尤为重要。

纹理处理是在系统实时性要求得以满足条件下的首选逼真度效果。它是除多边形处理能力之外的特殊处理能力。纹理模式可被指定在视觉范围内的任何面或地形上。对每一面的纹理要保证正确的透视、遮挡及对比度/颜色等关系。

4.1.3 建模要求

根据构建要求一般有高模、中模、低模三种类型。

高模模型面数较多,更能凸显模型的细节,基本上可以一比一还原装备,细致到螺钉螺纹的表现,但是因为高模面数巨大,对运行的电脑要求极高。单独的小装备可以用高模表现,可如果是大的装备模型,以现有的设备并不足以支撑。

中模是现在虚拟现实中比较常用的一种,既能满足视觉上的效果,运行起来也不耗费资源。

低模多应用于游戏场景和角色,模型的面数较少,模型细节是通过精细的贴图来表现,对手绘能力有较高的要求。

4.2 三维建模方法

目前物体的建模方法,大体上有三种:利用三维软件建模、通过仪器设备测量建模和利用图像或者视频来建模。

4.2.1 三维软件建模

目前,市场上可以看到许多优秀建模软件,比较知名的有 3DMAX、SoftImage、Maya、UG 和 AutoCAD 等。它们的共同特点是利用一些基本的几何元素,如立方体、球体等,通过一系列几何操作,如平移、旋转、拉伸及布尔运算等来构建复杂的几何场景。利用建模构建三维模型主要包括几何建模(geometric modeling)、行为建模(kinematic modeling)、物理建模(physical modeling)、对象特性建模(object behavior)和模型切分(model segmentation)等。其中,几何建模的创建与描述是虚拟场景造型的重点。

4.2.2 利用仪器设备建模

三维扫描仪(3 dimensional scanner)又称为三维数字化仪(3 dimensional digitizer)。它是当前使用的对实际物体三维建模的重要工具之一。它能快速方便地将真实世界的立体彩色信息转换为计算机能直接处理的数字信号,为实物数字化提供了有效的手段,如图4-3和图4-4所示,与传统的平面扫描仪、摄像机、图形采集卡相比有很大不同。首先,扫描对象不是平面图案,而是立体的实物。其次,通过扫描,可以获得物体表面每个采样点的三维空间坐标,彩色扫描还可以获得每个采样点的色彩。某些扫描设备甚至可以获得物体内部的结构数据。而摄像机只能拍摄物体的某一个侧面,且会丢失大量的深度信息。最后,它输出的不是二维图像,而是包含物体表面每个采样点的三维空间坐标和色彩的数字模型文件。这可以直接用于CAD或三维动画。彩色扫描仪还可以输出物体表面色彩纹理贴图。早期用于三维测量的是坐标测量机(CMM)。它将一个探针装在三自由度(或更多自由度)的伺服装置上,驱动探针沿三个方向移动。当探针接触物体表面时,测量其在三个方向的移动,就可知道物体表面这一点的三维坐标。控制探针在物体表面移动和触碰,可以完成整个表面的三维测量。其优点是测量精度高;其缺点是价格昂贵,物体形状复杂时的控制复杂,速度慢,无色彩信息。人们借助雷达原理,发展了用激光或超声波等媒介代替探针进行深度测量。测距器向被测物体表面发出信号,依据信号的反射时间或相位变化,可以推算物体表面的空间位置,称为"飞点法"或"图像雷达"。

图4-3 仪器设备扫描建模

图4-4 仪器设备扫描建模

4.2.3 根据图像或视频建模

基于图像的建模和绘制(image based modeling and rendering,IBMR)是当前计算机图形学界一个极其活跃的研究领域。同传统的基于几何的建模和绘制相比,IBMR 技术具有许多独特的优点。基于图像的建模和绘制技术给我们提供了获得照片真实感的一种最自然的方式,采用 IBMR 技术,建模变得更快、更方便,可以获得很高的绘制速度和高度的真实感。IBMR 的最新研究进展已经取得了许多丰硕的成果,并有可能从根本上改变我们对计算机图形学的认识和理念。由于图像本身包含着丰富的场景信息,自然容易从图像获得照片般逼真的场景模型。基于图像的建模的主要目的是由二维图像恢复景物的三维几何结构。由二维图像恢复景物的三维形体原先属于计算机图形学和计算机视觉方面的内容。由于它的广阔应用前景,如今计算机图形学和计算机视觉方面的研究人员都对这一领域充满兴趣。与传统的利用建模软件或者三维扫描仪得到立体模型的方法相比,基于图像建模的方法成本低廉、真实感强、自动化程度高,因而具有广泛的应用前景。

4.3 三维建模常用工具

三维建模工具通常可以分为建模类和辅助类,如图4-5所示。

图4-5 相关工具软件

常见的制作三维模型的软件有3DS MAX、Autodesk Maya、AutoCAD 等。

Autodesk Maya 是目前最受欢迎的一款高端三维软件,具有强大的功能,数字化布料模拟、毛发渲染、运动匹配等技术都能与 Autodesk Maya 软件完美结合。

3DS MAX 是一款中端软件,结合了 Activeshade 及 Render Elements 功能的渲染能力,常用于广告、影视、多媒体制作、游戏、工业设计、建筑设计、辅助教学和工程可视化等领域。3DS MAX 相对于 Autodesk Maya 学习门槛较低,比较受初学者的欢迎,大部分的三维模型制作都使用 3DS MAX 软件进行三维模型制作。

为了达到三维模型有逼真的纹理与实物相近的效果需要绘图软件辅助。常见的制作绘图的软件有 Photoshop、Substance Painter、Body Paint 等。Photoshop 作为贴图制作软件功能强大,模型制作初期的三视图也需要使用 Photoshop 制作,装备模型的字标在 Photoshop 中更容易制作,制作的贴图类型相对广泛。Substance Painter 软件自带材质效果,更多用于产品的效果渲染展示。Body Paint 被称为绘图届的三维软件,主要用于游戏人物皮肤和服饰的制作。Body Paint 3D 是德国 MAXON 公司出品的一款专业的贴图绘制软件,它可独立运行,也可作为集成模块存在于 CINEMA 4D 之中,是现在最为高效、易用的实时三维纹理绘制及 UV 编辑解决方案。Body Paint 3D 可以非常好地支持大多数诸如 3DS MAX、MAYA、Softimage、XSI、Light Wave 之类的主流三维软件,支持颜色、透明、凹凸、高光、自发光等多种贴图通道,绘制工具非常强大,其 UVW 编辑也非常优秀,使用者可以即时看到绘制结果并根据需求来使用不同的显示级别和效果，做到所见即所得，这全部归功于其优秀的 Ray Brush（光线跟踪笔刷）技术。Body Paint 3d 软件界面友好，在使用习惯上也很接近于三维软件及 Photoshop 软件的操作，上手简单、功能强大使其能在众多的同类软件中脱颖而出，众多好莱坞大制作公司的立刻采纳也充分地证明了这一点。

装备类的三维模型更多地使用 Photoshop 来进行贴图绘制。为了使三维模型具有写实的效果和光影关系，制作完成的模型需要烘焙自身光影，并且需要导入 Unity 观察光影效果，充分理解烘焙自身光影的重要性。

4.4 三维软件建模基本过程

三维建模包括三个基本环节：资料采集、模型制作和贴图制作。

其中需要说一下的概念就是 UV 贴图 "UV" 是 U、V 纹理贴图坐标的简称，它和空间模型的 X,Y,Z 轴是类似的。它定义了图片上每个点的位置的信息，这些点与 3D 模型是相互联系的，以决定表面纹理贴图的位置。就好像虚拟的"创可贴"，UV 就是将图像上每一个点精确对应到模型物体的表面。在点与点之间的间隙位置由软件进行图像光滑插值处理，这就是所谓的 UV 贴图。

那么，为什么用 UV 坐标而不是标准的投影坐标呢？通常给物体纹理贴图最标准的方法就是以平面（planar）、圆柱（cylindrical）、球形（spherical）和方盒（cubic）坐标方式投影贴图。

1. 资料采集

1）静态图像

（1）装备结构三视图。

能够正确反映物体长、宽、高尺寸的正投影工程图为三视图，这是工程界一种对物体几何形状约定俗成的抽象表达方式。

一般来说制作三维模型需要准确的工程三视图，它由 CAD 设计绘制而成，可以直接导入三维软件，作为结构参照进行三维建模。但是由于诸多原因，在实际制作工作中，不太容易获取与实体装备相符的工程三视图。因此在图像采集的环节中，首要的任务便是对整体装备的各个角度进行拍摄，以期获取近似的三视图的结构投影，作为建模工作的重要参照资料。

在图像采集的环节中，使用的工具是照相机，可以是可换镜头单反照相机，或者可换镜头无反照相机。由于装备体量较大，而中后期设计的设备与零部件相对而言较小，因此便于根据拍摄内容随时进行镜头类型的更换。

这里我们要进行近似三视图的采集拍摄，就需要我们采用长焦镜头，在远距离上对装备的各个角度进行拍摄,以消减装备的结构透视变化,从而得到近似于工程三视图的精度效果。

通常情况下,由于实际拍摄条件的限制,只能在装备的前后左右四个角度上进行拍摄。需要注意的是尽可能地保证各个角度的拍摄点与装备的距离尽量一致。同时要保证相机拍摄的高度一致,最可靠的方法便是使用相机的三脚支架。

(2) 系统部件结构图。

在对装备的各系统部件进行图像采集之前,对部件的系统构成进行整理分组,从而使得后续的图像采集工作有条理地进行,即依照各个系统部件由整体到局部进行分组采集。

首先,以装备的一侧为起点,以系统设备为拍摄主体,集中体现整体比例及结构分布,同时与其他系统设备之间的布局与空间关系,绕装备一圈拍摄即可。如遇到该系统设备处于装备内部则需要另外进入装备内部进行相同的内容要求进行采集。

其次,回到各个系统设备中,根据梳理好的分组信息,针对系统设备中的各个部件处于当前系统设备中布局结构与空间关系,进行分组采集。

最后,进一步对各个部件所包含的具体零件进行采集,主要体现其自身的结构特征,以及在当前部件中所处结构布局关系。

(3) 实物尺寸数据标注图。

这里的实物尺寸数据标注图,主要分为两类:一是主体可测量获取实际尺寸,体量一般在中小级别,如设备或零部件等;二是主体体量过大采取参照物的尺寸测量间接获取其大致粗略尺寸数据,体量一般在大型或超大型以上。

拍摄过程中,首先标注设备或者零部件名称,其次是主体的整体外观结构图样,便于归类整理,然后是标尺的测量位置。即完整的测量定位,测量的起始点及最终测量获取的准确数据。

(4) 实物表面材质纹理图。

实物表面材质纹理图主要用途则是在于制作的后期,即贴图纹理绘制环节中,有较大的参考意义,便于引导我们进行纹理绘制的方向。尽可能地还原三维模型表面在实际世界中的质感与视觉表现。

通常在装备的三维模型制作中,对于模型的三角网格数量具有一定的要求。因此还可以对功能性的装备结构进行纹理化的图像拍摄,便于在纹理绘制中进行修改合成,代替三维模型的细节制作,以节约三维模型的三角网格数量。

此外,在涉及装备的专业领域,还需对特殊的设备标识、警告标识,以及相应的设备操作提示标识进行拍摄采集,以保证整体装备在外观视觉表现及后续交互操作体现具有符合装备的专业合理性。

2）视听图像

（1）装备结构环拍。

由于静态图像需要通过一系列相同主体采集的图像来分析装备主体的结构与空间关系，因此动态环拍主要是作为对上述静态图像的一种补充拍摄和采集，同时可以较为直观地对当前主体的结构及所在空间关系进行判断和了解。

拍摄时与上述静态图像的采集方法类似，注意拍摄的起始点，避免无效的重复拍摄，环绕装备（设备）主体进行。同时注意当遇到较大遮挡关系影响了主要结构的采集时，需要进一步绕开遮挡物，另选行进路线，以保证结构的完整性。

（2）系统部件结构拍摄。

首先对系统部件及相关零件的结构与空间布局进行多方位、多角度观察。然后规划好拍摄的角度、位置点及拍摄顺序。最后调整好相机参数，固定好曝光参数，依次逐角度位置点进行推进动态拍摄视频。拍摄过程中注意保持主体在画面的细节精度，防止运动过快造成拖影，使画面模糊不清。

最终的影像素材要能够完整地体现主体零部件的结构，避免缺失遗漏，同时可以适当地体现在布局大环境下的空间关系，以纠正静态图像的局限性带来的误导性判断。

（3）相关操作演示拍摄。

通常装备实际操作主要有装备日常维护与保养、故障排查与维修、设备工作流程与操作。

首先，要提前对相关流程与涉及的设备、零部件及指定工具进行梳理了解，做到心中有数。其次，在现场与实操人员充分地交流与沟通，针对实际场景中的操作进行大体流程的预演，便于纠正梳理材料与现实条件的偏差，及时调整拍摄进程。最后正式进入拍摄流程，尽可能保证排除现场的干扰因素，同时在拍摄录制过程中要求实操人员进行一定程度上的语言讲解。

（4）产品或案例演示介绍。

当前的装备如有相关的产品展示说明视频，或者相关设备的操作使用与演示介绍视频也可作为模型制作的参考资料，使得制作者能够更全面地了解装备的功能性，保证模型制作的质量和精度。

3）装备参数

（1）整装结构。

当前装备的一个完整尺寸参数，即整装的工业参数数据，如整车长宽高、驾驶室尺寸数据、设备舱室尺寸数据等。

（2）设备部件。

同整装结构类似，如有直接的工业参数数据，可以直接引用，并结合实际装备情况,根据测量结果精确修正。另一方面如有设计方的工业模型数据,也可作为最主要的参考依据,以保证三维模型制作的准确性。

2. 模型制作

1)整体结构

(1)整装模型比例。

首先,根据我们采集得到的三视图资料,在 Photoshop 里进行处理。以左视图为基础,调整好图片中装备的水平与垂直结构,修正照片的透视变化,让装备主体居中于画布之内。

其次,将剩余的前、后、右的角度图片导入 Photoshop,将各个角度的图片拖入左视图工程分别对应各自的水平与垂直结构参考,保持各角度视图里装备大小统一。

再次,逐角度分别保存输出三视图的参考图片。进入 3DS MAX 中,按照各视图创建相应的网格面片,再将相应的各视角视图指定到网格面片上,做好对齐工作。

最后,根据之前获取的整装参数尺寸,对做好的视图网格面片进行缩放,设定好整装的实际大小尺寸。

(2)分区模型比例。

观察三视图各视角图片,根据采集的图片及影像资料,首先通过对整装按照功能分区建立大致的结构体块来表现构建各分区的装备外观结构的比例。同时调整各分区之间的布局结构,从宏观上来控制奠定装备的模型结构,便于后续的局部制作始终保持正确的结构比例。

一旦确认了各分区的大致结构体块,还可以适当延伸到各分区中涉及的非功能的模型结构体块,同时修整装备外观结构的网格模型的网格走向,并且使用图层管理工具对场景内的网格模型进行分组管理和调整。

(3)设备模型比例。

按照装备分区结构,逐分区地进行设备梳理,建立相应的设备图层用于管理做好的网格模型结构。

在各个分区中观察视图内的结构,结合采集的图片、影像资料与参数尺寸,创建设备体块网格结构,并进一步修改外观结构走向。同时还可根据设备的复杂程度,丰富设备中自身结构的体块网格模型,作为后续局部构建的参考依据。

创建出设备体块网格结构后,还要进行设备布局摆放,验证设备模型之间的空间关系与大小比例的合理性。

(4)零部件模型比例。

零部件可依照自身的结构特点,简单结构可忽略,例如,螺栓、扳手开关等小结构。其余类似的配件、附属件等具有一定工业结构零部件,可根据视图中的比例与布局结构,制作相应的结构体块,确认其比例与布局位置便于后续的局部结构制作与相应的模型定位。

2) 局部结构

(1) 分区模型结构。

观察各视图中的装备外观结构,依照预先制作好的机构比例体块,制作出正确结构走向的网格模型。修整细化结构中较为小型且有较大变化的结构特征的网格模型,并且依据装备功能结构分别做出网格模型的分离与修正细化结构调整。

(2) 设备模型结构。

进入设备级别的结构制作往往要依据分区模型的调整,进行联动修改。有时候甚至需要重新建立结构体块来把握更新后的比例与结构。确认修正后的结构体块,依据设备的结构复杂程度逐一细分结构模块,遵循由粗制到精细将设备结构制作还原。最后依然要按照之前的图层分组对已制作的设备网格模型进行分组管理。

(3) 零部件模型结构。

按照设备分组开始逐一对各系统设备层级下的模型进行零部件的制作补充,参照已建立的零部件体块(即有复杂结构变化的零部件)进行结构细节上的丰富、修正与补充制作,并将最终完成的零部件整体结合后续相关交互操作涉及部分进行更细致的结构比例和空间布局上的调整,保证其合理性。

3. 贴图制作

1) UV 布局

(1) UV 优化编组。

以网格模型的体量为依据,按照大体块部件与中小型体块的零件来分组导出 OBJ 格式的三维模型文件,与此同时依然要遵照图层管理分组来进行分组导出操作。此外需要注意的是相同结构的网格模型也可以一同导出,这些结构相同的网格模型不可以采用镜像复制,其余方法皆可。

(2) UV 拆分与布局。

本书并没有直接使用 3DS MAX 内置 UV 编辑修改器,而是使用了 UVLayout 进行 UV 编辑制作。

UV 拆分编辑过程,主要遵循一个原则即可。即所有的网格模型的 UV 边界尽量分布于视觉上较为隐蔽的位置,如设备后方及下方,或者结构变化具有断层特征和不同材质之间的交界之处。以便得到一个较为自然的纹理绘制效果的同时,亦可减少纹理绘制的工作量。

2)纹理绘制

(1)绘制材质基本颜色与质感。

材质纹理的绘制是进一步丰富所制作的三维网格模型在视觉上的表现,以便后续用于进行动画渲染,实时渲染引擎中更好的还原其画面上的逼真效果。

材质纹理绘制依然使用 Photoshop 软件进行制作,大致的流程为:绘制确认物体的基础固有色;绘制相应材质特有的污损痕迹变化。

(2)绘制特定标识与标牌。

根据采集的图像资料,按照清晰度,可以重新绘制特殊的标识标牌,亦可直接使用图像资料,对其消除透视变化与光影变化,制作成通用的标志标牌,进行重复利用。

此外还可以根据拍摄回来的非主要的结构性细节图片,进行去光影、校色、平均化处理,放置在需要的 UV 结构位置,从而取代模型的制作。

3)材质与贴图

回到三维场景工程中,根据装备零部件创建相应的材质,并赋予网格模型中。然后根据材质属性中的参数值调整出与实际装备零部件相符的质感。最后将制作完成的纹理贴图指定到材质中的固有色贴图通道中。

第 5 章
三维图形引擎

当前,三维图形引擎多用于游戏开发、场景展现,并且三维图形引擎种类多样,各类引擎都提供了相关工具,可快速进行场景的开发、逻辑流程的设计等。经过美工的处理,各类引擎渲染的画面美观逼真,大大满足了使用人员的需要。而军事中对场景的展现要求也普遍提高,高还原度的场景画面,可使用户详细了解环境细节情况,并且具备沉浸感,使用户有身临其境的感觉。

本章将介绍三维图形引擎的基本情况,并简要介绍当前技术成熟度高、应用面广的典型三维图形引擎产品,以供读者参考。

5.1 三维图形引擎基本概念

在三维计算机游戏和基于虚拟现实技术的三维仿真中,都需要根据各类数据描述模型控制计算机硬件生成复杂的图形画面,其底层一般都基于 OpenGL 或 DirectX 驱动图形硬件实现。但直接使用 OpenGL 或 DirectX 进行游戏和三维仿真的开发工作量巨大、代码可重用度低,部分公司为了提高项目的开发效率,将一些常用、通用、可重复的代码进行封装,逐步出现了大量的游戏引擎和虚拟现实引擎。这两类引擎都是用于完成对现实或虚拟世界的模拟仿真,且最终都采用三维图形可视化手段展示仿真结果,上述两种引擎统称为三维图形引擎。

三维图形引擎通过将很多可重复使用的功能进行封装,使用三维图形引擎进行开发的人员只需进行简单设置和编程,即可调用相应函数快速实现同样的功能,从而极大地降低项目的开发难度、节省开发时间。三维图形引擎在军用、民用仿真领域都有非常广泛的应用,如游戏、大型军事仿真、飞行仿真、城市规划、虚拟展览系统等。

以上即为三维图形引擎的由来,简单来说,三维图形引擎就是把一些底层的三维开发基础库进行再集成,构建功能模块,形成简易、快捷的一体式三维开发工具软件。底层的三维开发库当前主要为 OpenGL、DirectX 等，集成完成后，开发人员使用三维图形引擎进行开发会更加便利、更加快捷。

目前游戏引擎与虚拟现实引擎还有比较明显的区别。虚拟现实引擎属于专业的图形渲染引擎，属于行业软件，它主要关注仿真效率，在大规模、超大规模仿真系统的图形渲染效率上有明显优势，在军事仿真（如飞行仿真、战场对抗、态势实时显示）、城市规划等领域应用广泛。游戏引擎很难胜任如此大规模的图形渲染任务，但虚拟现实引擎没有内置物理学仿真、人物角色仿真、人工智能、网络连接等模块，主要由 Vortex、PhysX、Dl – GUY、HLA 等第三方插件提供支持。而游戏引擎一般用于小规模的仿真，其功能小而全，主要关注仿真的视觉效果，一般内置了物理仿真、骨骼动画、人工智能、网络通信等模块，且其物理仿真、骨骼动画等方面效果和技术都非常先进，但在超大规模仿真等方面与虚拟现实引擎相比还有较大差距。其实游戏引擎和虚拟现实引擎在基本原理和底层实现上是相同的，但受限于当前软、硬件水平，只能各有侧重点，近年来这两种引擎出现了相互融合的趋势。

5.2　三维图形引擎构成

在三维项目的发展初期，由于内容比较简单，所以可以直接编程而不需要对引擎的结构进行详细的模块划分。但是随着目前三维项目开发的复杂程度越来越高，如果这些复杂的项目在开始编写代码以前不经过任何模块化、对象化的处理，那么即使工作量提高数倍，也未必能将引擎开发出来。所以可以说模块化对象设计对于三维图形引擎的设计来说是一个必要条件。尽管目前的三维图形引擎的种类多种多样，但是引擎的模块划分从整体上一般来说是比较固定的，它们之间差别主要在模块的内部实现的功能上，对于同样的功能实现的算法也不同，以及模块内部所包含的对象也不一样。三维图形引擎的模块划分是一个比较复杂的问题，通过梳理总结常用三维引擎的模块构成，并结合相关项目开发经验，三维图形引擎的模块构成如图 5 – 1 所示。

1. 基本二维和三维几何系统

本模块的功能是实现基本的三维和二维几何代数操作，在该模块中主要定义了二维、三维矢量、变换矩阵，以及它们之间的代数运算关系，这些操作主要包括矢量之间的加、减、乘、平移、缩放、旋转运算，矩阵之间的加、减、乘和矩阵的转置、求逆、求秩，以及矩阵与矢量之间的运算。这种运算主要是用于满足矢量在不同坐标系之间的变换，这种变换是通过矩阵与矢量的乘法操作实现的。

这些几何运算是任何一个三维图形引擎最基本的功能构成。

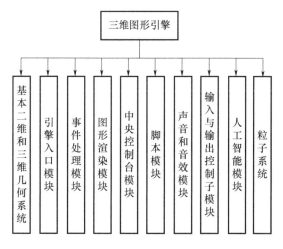

图 5-1 三维图形引擎模块构成

2. 引擎入口模块

该模块完成引擎所需要的最基本的处理功能,这是引擎中最重要的一部分,引擎开发绝大部分工作都在这个模块完成。它又可以分为以下一些子模块。

(1)对象(object):对象是引擎最基本的单位,引擎中的全部工作都是围绕对象来实现的。所谓对象,在三维引擎中就是指具有特定行为和属性的集合,它可以具有继承性。在三维空间里,一个最简单的对象就是一个点,但是它可以具有和其他复杂对象一样的属性和行为,这个点具有空间的位置,可以运动、可以具有颜色、可以是一个点光源、可以带有脚本等。对象的能力在引擎系统的结构和设计上有非常巨大的影响,所以对于对象的属性和行为的抽象定义要求非常准确。为了保持对象的自由性,可以用属性列表附加到对象上,这样就可以不改变对象的结构,而为对象加入新的属性。对象是面向对象方法的基本单位,一旦对象建立起来以后,就可以通过控制对象的行为来完成各种需要的功能。

一些游戏场景里的坦克、飞机、树木、河流等,都是这里讲到的对象。Unity3D的三维图形引擎创建对象菜单如图5-2所示。

(2)摄像机(camera)取景子模块:本模块完成对场景的正常显示功能,其原理就如同摄像机在摄像工作的原理一样,三维场景中按照人类的正常视觉对场景进行处理,裁剪掉视角以外的一切场景,然后把裁剪后的场景投影到屏幕空间上。在绝大部分引擎中是以操作者的视点作为摄像机位置进行取景的,这样就需要通过坐标变换把场景中各个对象由世界空间变换到摄像机空间,然后再进行相关的处理。裁剪一般来说有二维裁剪和三维裁剪两种方式,常用的算法有

Cohen_Sutherland 线段裁剪算法、Nicholl Lee nicholl 直线裁剪算法和 Sutherland_Hodgeman 多边形裁剪算法等。同时这里还要有隐面消除（可见面）判别的问题，因为对于在场景中看不见的对象，在场景绘制过程中这些对象是不需要进行绘制的，所以必须对这些对象进行消隐处理。通过消隐处理得到的好处就是不需要绘制三维场景中所有的物体，从而大大提高了场景绘制的速度。常见的消隐算法有 BSP 树算法、Z – Buffer 算法和 Painter 算法等。Unity3D 三维图形引擎摄像机及属性设置如图 5 – 3 所示。

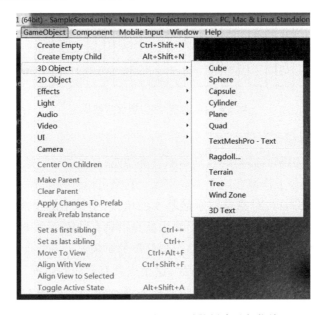

图 5 – 2　Unity3D 三维图形引擎创建对象菜单

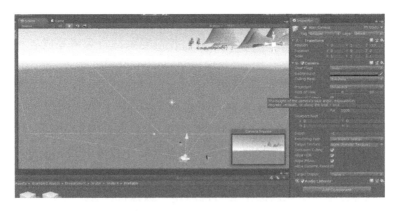

图 5 – 3　Unity3D 三维图形引擎摄像机及属性设置

(3) 场景构造子模块：这个模块实现的功能是从工程文件中提取相应的场景数据，并根据提取的数据建立场景。工程文件中包含场景的必要信息，这些信息是事先已经经过建模处理后的数据。场景越是复杂，工程文件的数据量越大，这样就有一个问题，如何合理地建立文件格式，使模块每次只处理小场景，这样就通过降低模块处理的数据量来提高应用程序的加载速度。Unity3D 三维图形引擎场景树如图 5-4 所示。

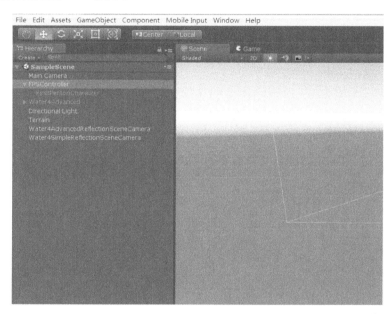

图 5-4　Unity3D 三维图形引擎场景树

(4) 碰撞检测(collision detection)子模块：对于三维引擎来说，碰撞检测是必不可少的模块，主要处理物体之间的相互碰撞。碰撞检测的算法是目前比较成熟，常用的有边界盒算法、二叉空间分割(BSP)树算法等。在程序运行期间，它是对程序中的物体进行跟踪，通过算法进行检测以后，来判断物体之间是否发生碰撞，然后通过触发脚本向消息管理模块发送相应的消息，再通过消息模块进行管理。在该模块中，最重要的就是碰撞检测的速度问题，尤其是对于在空间内有大量对象，例如，100 多个对象(如立方体)同时存在的情况下，如何对碰撞检测进行优化使应用程序的速度不明显降低是一个很重要的问题。Unity3D 中的碰撞盒设置如图 5-5 所示。

(5) 光线(light)处理子模块：光照是三维场景中必不可少的一部分，因为通过光照处理过的场景效果自然、逼真。这个子模块主要管理光线对象的亮度、位置、颜色等属性，以及对光线对象的行为的控制，这些行为可以是光源的移动、光源的强弱变化、多光源的共同照明等。它通过调用引擎的脚本模块实现对光线的管理功能。光是由红绿蓝三个单色光分量组成,对光的操作其实也是对这三个分量分别进行操作。如果要求光线的逼真效果,可以用浮点数来表示每一种光线分量,对于一般要求可以用2或8位的整形数来表示每一个分量。光线处理的算法目前非常多并且比较成熟,例如,光线投射算法、光线跟踪算法等,这些算法在实际应用中的效果都不错,但是其处理速度比较慢。Unity3D中可创建的灯光对象如图5-6所示。

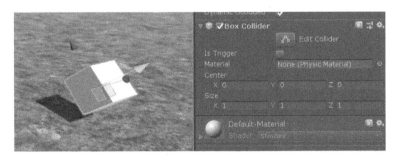

图5-5　Unity3D中的碰撞盒设置

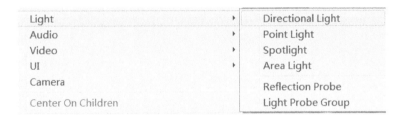

图5-6　Unity3D中可创建的灯光对象

(6)纹理(texture)处理子模块:纹理是矩形像素的数组。三维图像的效果很大程度上依靠纹理表现出来,在目的多边形或者曲面上通过贴上与之相应的纹理,就可以显示出需要的效果。纹理处理是通过纹理映射来实现的,纹理映射其实就是把纹理由纹理空间向屏幕空间一种映射,这种映射关系可以是一对一,也可以是多对一或者一对多的映射。纹理的数据源可以是各种格式的图片,在Windows下最常用的格式就是位图。纹理的色彩可以是256色或者24位真彩色,这取决于项目对于效果的要求,当与目标多边形距离较远或者较近时,要对纹理进行纹理细化处理,以满足在不同的距离对纹理不同效果要求,同时也减少了程序的计算量。

3. 事件(event)处理模块

事件就是对象状态的变化,这个模块就如同人的大脑一样,把程序中各个处于运行状态的对象的事件发送来的消息进行加工处理以后,再发送到与该事件相关的模块进行实际的处理。它其实就是一个线程处理器,对当前运行的各个线程进行指挥与控制,以完成程序的整体有序的运行。消息一般都存放于消息列表中,当有消息发送过来以后,从消息列表中提取相应的事件处理方法,再通过消息让相应的程序处理。

4. 图形渲染(render)模块

该模块实现的功能主要是绘制三维应用程序中所需要的二维或三维场景。目前常用的渲染方法有软件渲染和硬件渲染两种。在三维游戏流行的初期,受当时硬件(特别是3D加速卡)能力比较低和价格比较高的限制,软件渲染方法是程序员的首选。软件渲染的常用算法有 Z – buffer 算法、三角形(多边形)绘制算法等,可以分为8位渲染和24位渲染。但是随着三维图形卡的加速性能的提高和价格的不断降低,硬件渲染提供了软件渲染很难实现的逼真效果,而且处理速度比软件渲染快得多。所以目前硬件渲染方式成为图形渲染处理的主要方式。当前常用的硬件渲染接口 API 有微软公司 DirectX、SGI 公司的工业标准图形库 OpenGL,这几种硬件渲染接口都提供了非常好的图形渲染处理功能。

5. 中央控制台(console)模块

该模块主要实现的功能就是侦听操纵者的命令,实现用户与程序之间的交互。这个模块实现的交互功能主要包括声音和音效的设置、角色的更换设置和改变显示模式等。对于不同的项目,控制台实现的功能一般是不同的。这个模块的编程相对比较简单,且较容易实现。模块本身并不实现具体的功能,只是把使用者的命令事件以消息的形式发送出去,通过消息处理模块让其他模块的程序实现这个事件。

6. 脚本(script)模块

脚本其实是一种描述一个或多个对象行为的数据结构或语言。该模块实现对对象的行为的定义和行动的实现对于面向对象的设计方法,如果没有脚本来控制对象的行为,那么整个引擎就失去了它的活力。对象的脚本般可以分为动作脚本、触发脚本和连接脚本这三种类型。动作脚本修改对象的位置、方向等其他与这一对象动作有关的属性,为了提高引擎的速度,一般来说,一个对象在某一时刻只有一个动作脚本;触发脚本主要涉及当某些事件发生时,例如,碰撞和接近时,脚本触发这个事件的相应消息,通过消息处理该事件;连接脚本主要控制各种输入/输出设备连接到对象上,例如,一个键盘的指令和点击鼠标。通过这三个脚本,就可以很轻松地操纵和控制对象。

7. 声音和音效模块

本模块完成引擎的声音和音效处理,声音是游戏中必不可少的一个特征,缺少了声音的就像人失去了说话能力一样。常用的声音文件格式有 wav、mid 和 mp3 等,目前专用的 API 很多,如目前最流行的微软的 Direct Sound API 就可以提供效果非常好的各种音效,如三维音效等,常用的声音可分为背景音乐、特殊音效和主题音乐。

8. 输入(input)与输出(output)控制子模块

该模块实现的功能就是负责键盘、鼠标输入处理,以及打印、存盘等输出功能的管理。一般来说,输入处理应该尽量简单,这样可以使得程序以最小的延时得到输入信息。这个模块的实现比较简单,输入的信息以数据流的形式被消息处理模块接收到,再分配给相应的模块进行处理。输出应该由专门的程序在后台操作完成以减少用户的等待时间。

9. 人工智能(AI)模块

人工智能是三维引擎中最困难的部分。我们的虚拟现实系统中有虚拟的人,如三维游戏中的 NPC,那么如何使这些虚拟人有自主的、符合逻辑的行为就成为引擎开发的难点和重点。当前很多三维图形引擎中已自带了 AI 设计模块,如行为树、有限状态机等。图 5-7 为虚幻 4 中的行为树设计界面。

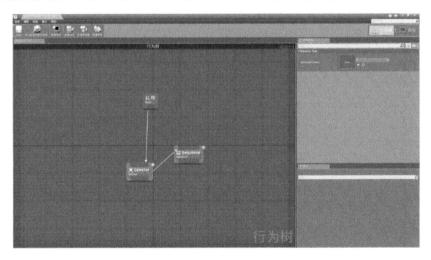

图 5-7　虚幻 4 中的行为树

10. 粒子系统

1983 年,Reeves 提出了一种模拟不规则、模糊物体的方法——粒子系统,该方法把物体看成有无数个微小粒子组成,每个粒子都具有其特有的属性,包括外观、空间位置、速度、生存周期、重力、透明度等,通过随机过程描述物体的运动特点,每个粒子经过了产生、发展、灭亡三个阶段,每个粒子在不断的更新过程中要对其进行重绘,如图 5-8 所示。

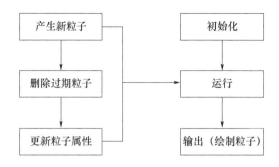

图 5-8 粒子系统流程图

粒子系统生成图像主要有以下特点:

(1)物体并不是通过一系列简单的表面元素来表示,这些元素包括多边形、曲线、曲面等,如果是对云粒子进行定义就是它的体积。

(2)粒子系统主要用来模拟那些外形具有不确定性的物体,通过随机过程来对物体的外观和形状进行控制。

(3)粒子系统不是一个静态的实体,它的粒子形式随着时间的推移而不断变化,有新粒子的产生和旧粒子的灭亡的过程。

(4)任何物体都是由很多微小粒子组成,把粒子系统中的粒子作为三维空间中的一个点,生成和渲染都比较简单、快速。

(5)该模型定义的是程序,通过随机函数来进行控制,可以减少人力的设计时间,粒子系统能够自动地调节细节变化,以实现真实的模拟。粒子系统关注的是由粒子组成的物体的总体外形和特征的变化,每个粒子的动态变化主要通过随机过程进行控制。模糊的不规则物体的随机性和动态性得到了充分的体现,因此,粒子系统被称为是一种模拟不规则、模糊物体最为成功的图形生成算法。

粒子系统经常用来模拟的现象有火、爆炸、烟雾、水流、火花、落叶、云、雾、雪、尘、流行尾迹等效果,在三维展现中有广泛应用,如图 5-9 所示。

图 5-9 爆炸粒子系统展现效果

粒子系统的构建方法多种多样,有专业的粒子系统软件可进行构建,而大多数三维图形引擎也具备了粒子系统构建功能,使用相关功能模块构建场景中的粒子效果。

以上为三维图形引擎的基本构成,当然,三维图形引擎类型众多,各类引擎的模块完善性有差异,功能较为强大的、开发维护力量较强的三维图形引擎产品,功能更为完善。

三维图形引擎根据商业约束、开源情况可以分为开源三维图形引擎及商业三维引擎。有些三维引擎源码在网上已开放,使用人员可根据自己的开发需要对源码进行编写、调整。有些三维引擎源码未开放,使用这些引擎需要交费。

下面就给大家简要介绍一些主流的三维图形引擎软件。

5.3 典型三维图形引擎介绍

目前用户较多、成熟度比较高的三维引擎包括 Unity3D、CryEngine、虚幻 4 引擎、Unigine、OSG、OGRE、Vega 等,下面给大家进行简要介绍。

5.3.1 Unity3D

Unity3D 是由 Unity Technologies 开发创建如三维视频游戏、建筑可视化、实时三维动画等类型的互动内容的多平台的综合型游戏开发工具,也是一个全面整合的专业游戏引擎。Unity3D 源于丹麦哥本哈根,公司总部位于旧金山,并且在哥本哈根、维尔纽斯等都有办事处。Unity3D 由于其开发工具的便捷性及大众化的普及政策,在国际上屡获大奖。

Unity3D 引擎提供了非常庞大的游戏特性,而且它的界面很容易使用。它最出色的地方就是它的跨平台特性,这意味着你的游戏可以迅速而且方便地被发布到 Android、iOS 等系统,这使得它是一个非常棒的移动游戏开发引擎。除此之外它支持的平台还有 Playstation、Xbox360、Wii U、Web 浏览器等,如图 5-10 所示。

图 5-10 Unity3D 支持的平台

Unity3D 支持很多 3D 建模软件的资源格式,例如,3DS MAX、Maya、Softimage、CINEMA 4D、Blender 等,这使得它基本没有模型格式的限制。另外 Unity3D 还有

2D 图集和物理检测等原生 2D 支持,使得它也是一个很好的 2D 游戏开发引擎。

虽然它对很多 3D 建模软件具有很好的支持,但是它自己在模型编辑上有很大的限制。除了一些基本的图元形状,Unity3D 没有真正的建模功能,因此基本所有的模型都需要从第三方 3D 软件里创建。但是,它有一个资源库,里面包含了很多可以下载或支付购买的资源。更多细节可以访问 Unity3D 官网。

Unity3D 使用 C#语言、JavaScript 脚本语言进行开发,优势是上手快,另外软件的界面比较简洁、容易使用,相关开发链上无论资源还是插件都非常完善,开发效率比较高。

在对 VR 的支持上,Unity3D 支持的 VR 硬件包括 Oculus Rift、Samsung Gear VR、PlayStation VR、Microsoft HoloLens、Steam VR/HTC Vive 等,当前主流的 VR 硬件,均支持 Unity3D 的集成开发,可较便捷地解决 VR 开发问题。

Unity3D 的效果展现和实现的游戏开发如图 5-11 和图 5-12 所示。

图 5-11 Unity3D 效果展现

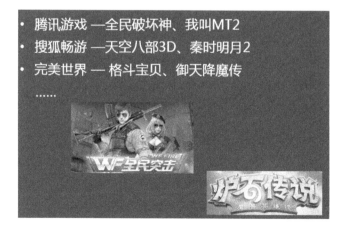

图 5-12 实现的游戏开发

5.3.2 CRYENGINE

德国游戏工作室 Crytek 发布的 CRYENGINE 引擎,其强大的渲染能力表现突出,其开发效果如图 5-13~图 5-15 所示。在 Game Developers Conference 大会上 Crytek 宣布将 CRYENGINE 开源化,但这并不意味 CRYENGINE 就是一款完全免费软件了,用户可以下载免费版本,但如果你需要当中全部的功能,还是需要付费。

图 5-13 CRYENGINE 开发效果 1

图 5-14 CRYENGINE 开发效果 2

图 5-15 CRYENGINE 开发效果 3

下面介绍它的优势：

（1）"What you see is what you play"的沙盒系统。使关卡设计师能够方便地创建一个带有事件触发点的游戏，无须编写复杂的脚本即可创建优秀的关卡，如图5-16所示。

图5-16　CRYENGINE沙盒编辑界面

（2）完整的植物和地表生成系统。无须美术设计师手动添加元素，可严格符合地形坡度、海拔高度、生长密度等自然规则生成复杂地表植被。

（3）实时的软粒子系统和完整的特效编辑器能大大简化爆炸、烟火、烟雾等复杂特效的创建，同时可反映其他物体、风、重力的影响，同时与光线、阴影进行交互。

（4）有专用的道路和河流创建工具，可自动符合地形特征生成。

（5）专用车辆创建工具，可控制部件损坏等物理特效。

（6）对物理、人工智能、音效均提供了多核CPU的优化。

（7）支持实时动态全局光照、延迟光照、自然光照、动态软阴影、体积雾、位移贴图、空间环境光遮蔽、HDR、人眼适应光照、动态模糊和景深。

（8）支持角色表情动画和程序动作变形，有专门的面部表情编辑器，支持次表面散射，支持反向力学。

（9）有专门的AI编辑器，支持日夜时间循环、高质量立体水域、动态体积光和光线追踪效果、多线程高性能物理系统，以及绳索破坏系统和环境交互破坏。

（10）有专门的客户端性能分析工具，有资源管理编辑器和支持离线渲染。

（11）支持游戏内混频和动态交互式音效。

（12）对64bits系统有良好支持，对DX10、DX11均有良好支持。

（13）有极其优秀的水面效果。

（14）在中国有其服务中心，可以良好解决沟通语言问题。

（15）使用PerfHUD可了解到，它对渲染的调用最为简洁，有强大的性能基础。

5.3.3 虚幻 4 引擎

虚幻 4 引擎(unreal engine,UE4)是由 Epic Games 开发的一个游戏引擎和编辑器,可以用来制作游戏和应用,涉及顶级的 AAA 级大作乃至独立移动游戏开发。虚幻引擎运行在 Windows 和 Mac 操作系统下,可以发布到 Windows、Mac、PlayStation 4、Xbox One、IOS、Android、HTML 和 Linux 环境下。简单地说,虚幻引擎是一个可以用于开发任何游戏或应用程序产品的编辑器集合。

虚幻 4 引擎完全是免费的,用户可免费访问所有东西,包括源代码,从而可对虚幻引擎按自己需求进行更改。

虚幻 4 引擎提供了大量工具,可进行三维地形构建、三维模型添加等操作,在逻辑流程上,主要使用 C++及蓝图进行开发,其开发效果如图 5-17~图 5-20 所示。

图 5-17 虚幻 4 引擎开发效果 1

图 5-18 虚幻 4 引擎开发效果 2

图 5-19　虚幻 4 引擎开发效果 3

图 5-20　虚幻 4 引擎开发效果 4

C++开发为常规的开发手段,而蓝图是虚幻 4 引擎提供的一种可视化编程语言,事先将各种可执行的处理以"节点"形式创建,而后只需要使用鼠标将其排列、连接就可以实现编程,其开发界面如图 5-21 所示。

该引擎的优势在于:

(1) 易于进行极细腻的人物材质渲染,渲染效率优化优秀。

(2) 注重数据生成,保证美术只需要程序员少量协助就可以尽可能多地开发出游戏的数据资源,该过程在可视化环境内完成,操作便利。

(3) 支持 64 位高精度动态渲染管道。

(4) 支持动态软阴影。

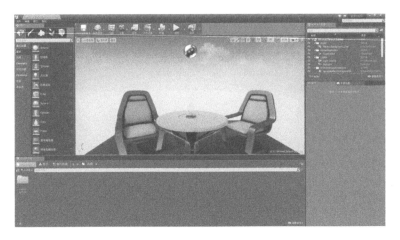

图 5-21 虚幻 4 引擎开发界面

(5)强大的材质编辑器,使得美术可以在实时图形化界面中建立任意复杂的 Shader。该编辑器友好度很高。

(6)支持室内和室外环境的无缝连接。

(7)支持体积环境雾,包括高度雾和距离雾。

(8)支持刚体物理(赋予物体以质量和形状特性,获得很逼真的力学状态效果)。

(9)所有材质可拥有独立的物理属性,包括摩擦系数、质量等参数。

(10)提供了一个支持普通游戏对象的游戏框架,例如,玩家、NPC、物品、武器、触发器这样的游戏框架。

(11)支持 4 骨以上的复杂骨骼动画,包括灵活摄像机过程动画控制器。

(12)支持基于小队的 AI 框架,包括复杂的 NPC AI,例如,按下开关、开门/关门、寻路等,AI 提供了可见的脚本工具。

(13)提供动画 Matinee——一个基于时间轴的可视化序列工具,该工具可以编辑建立游戏中的过场动画,该过场动画可以是交互的或非交互性的。工具可控制摄像机、对象、声音和特效,包括 AI 事件。

(14)提供基于多普勒效应的音频处理。

(15)虚幻本身支持的网络部分是基于 UDP 协议开发的,但原本设计就没有希望能够提供一个适合大量玩家在线的服务器框架。

(16)提供一个地形编辑来进行地表 Alpha 混合,同时填充碰撞检测数据和位移贴图。

(17)提供一个可视化的材质编辑器,可进行多层的材质混合,且这些材质可以动态的和场景光源交互。

(18)提供一个强大的资源浏览框架,用来寻找、预览、组织各种游戏资源。

(19)提供一个工具导入模型、骨骼和动画,将它们连接到游戏中形成脚本事件。

(20)编辑器可以方便地在编辑器中进行游戏测试。

(21)引擎免费授权包括例程部分和 100% 的源代码,包括引擎本身、编辑器本身、导出插件,以及 DEMO 游戏的代码。

(22)使用了 Truetype 字体和 Unicode 字符,完全支持中文。

5.3.4 Unigine

Unigine 引擎是一款应用于虚拟仿真、虚拟现实、视觉化领域的实时 3D 引擎,引擎来自俄罗斯,发展时间超过 10 年。区别于其他引擎,Unigine 的定位是尖端、严肃、专业的应用开发工具,尤其在特大场景塑造和画面渲染上表现突出,因此,Unigine 可胜任航空航天、军事、海事、教育科研、城市规划、室内设计、工业制造等行业的虚拟技术实现,搭建逼真震撼的虚拟内容场景、设置实时的模拟交互,对演练实训、研究培训、宣传体验都有着颇为显著的实用效果。

Unigine 是一个跨平台的实时 3D 引擎。它站在了技术的前沿,并提供互动的虚拟世界(现代游戏和虚拟现实系统的最终目标)。该引擎包含了逼真的三维渲染,强大的物理模块,对象具有非常丰富的图书馆导向的脚本系统、全功能的 GUI 模块、声音子系统,以及灵活的工具。高效率和良好架构的框架,支持多核系统,使 Unigine 具有一个高度可扩展的解决方案,对其中的多平台类型游戏的影响颇多,并且其独特优势在于对特大无边界地形的支持,超长视野,对硬件要求低。Unigine 的开发效果如图 5-22~图 5-25 所示。

图 5-22 Unigine 开发效果 1

图 5-23　Unigine 开发效果 2

图 5-24　Unigine 开发效果 3

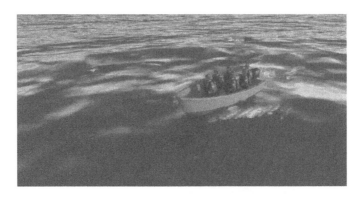

图 5-25　Unigine 开发效果 4

5.3.5　OSG

OpenSceneGraph(OSG)是一个开源的高性能三维图像渲染工具包,一般用于视觉仿真、游戏、虚拟现实、科学可视化和建模等领域。完全由 C++和 Open-

GL 编写而成。在封装的基础之上,建立一个面向对象的框架,使得编程者可以摆脱底层的繁杂建模,更便于应用程序的开发和管理。另外 OpenSceneGraph 还提供了许多有用的工具包以便于更加迅捷的程序开发。可以运行于 Windows、OSX、GNU/linux、IRIX、Solaris、FreeBSD 等各类操作系统之上。

OpenSceneGraph 以其强大的功能、完善的开发模式和开发成果移植性强受到业界的普遍好评。采用 OpenSceneGraph 图形引擎克服了传统的 OpenGL 与 Direct3D 开发周期长、难度大的缺点,解决了使用商业引擎开发成本过高、不利于产品推广的问题,从实用的角度上更有意义。目前已经有很多成功的基于 OSG 的应用,如图 5-26 和图 5-27 所示。

图 5-26 OSG 海洋渲染效果

图 5-27 OSG 气象渲染效果

5.3.6 OGRE

OGRE(object oriented rendering engine)图形引擎是全球最著名的开源免费图形引擎(graphical engine)之一。早在2001年,一位普通的软件工程师Steve Sinbad,OGRE的原作者,突然产生了一个与众不同的想法,创造一个"不一样"的3D渲染引擎。

经过多年开源社区的维护,OGRE拥有全球最广泛的开源图形引擎用户,目前被运用于许多科学计算视景仿真、游戏开发等商业项目。参与到这个开源项目当中的,有软件开发工程师、科研人员、机械工程师、游戏开发者等。如同Linux内核的迅猛发展,正是开源社区的力量使得今天OGRE具有如此优秀的特性。

相比于商业引擎,OGRE完全免费并开放所有源代码,而且官方配置许多完善的教程和文档资料,OGRE自带的免费Demos拥有大量的实例演示,开发者可以更容易地学习并上手使用。虽然是免费授权方式,但OGRE图形引擎在高效、成熟、稳定性上相比于商业引擎丝毫不弱,甚至某些方面的支持超越商业引擎的特性。高效和精细的渲染是OGRE图形引擎的一大特点,OGRE核心团队曾经花了4年的时间构建引擎渲染主体,其效果如图5-28和图5-29所示。

图5-28　OGRE渲染效果1

开发特性上,OGRE图形引擎具有如下特点:

(1)面向对象特性。顾名思义,OGRE图形引擎的原名为Object - Oriented,很清楚地阐释了OGRE的设计思路——面向对象的设计。相比而言,DirectX和

OpenGL 库的实现都只提供面向过程的接口，而并没有真正的引入面向对象的设计。面向对象的思想作为 20 世纪软件工程的一大创造，在面对复杂问题的时候，具有很好的适应性。

图 5-29　OGRE 渲染效果 2

（2）基于 C++语言的高效接口。目前面向对象程序语言主要包括 C++、C#、Java 等，C++语言能够很好地向后与 C 语言接口兼容，具有面向对象的特性，同时具有与 C 语言近乎相同的执行效率。相比而言，运行在虚拟机的 C#和 Java 并不适合进行图形渲染这种效率要求极高的任务。OGRE 图形引擎以面向对象的 C++语言，对于底层的 OpenGL、Vega 和 DirectX 图形进行封装，并抽象出相同的 OGRE 开发接口。这一特点，使得 OGRE 图形引擎具备了跨平台的特性，在 Windows 系列平台，可以同时选用 DirectX 或者 OpenGL 作为底层渲染工具，在其他平台，可以使用 OpenGL 作为底层的渲染工具。而基于 OGRE 进行开发则无须考虑许多平台相关的问题。

（3）强大的材质资源系统。如上文所述，OGRE 同时封装了 DirectX 和 OpenGL 图形 API 接口，所以具有完善的材质系统和脚本系统。无论是 DirectX 的 HLSL 语言编写的 Shader 脚本，是 OpenGL 的 GLSL 语言 Shader 脚本，还是 CG 语言的材质脚本，OGRE 都能够很好地进行支持。OGRE 还有成熟的资源管理系统和接口。OGRE 支持所有渲染到纹理技术，支持所有材质的 mipmaping 和细节层次（level of detail）技术，支持多种图片格式纹理（包括 JPEG、PNG、TIF、DDS、TGA 等）。

（4）拥有多种 3D 模型导入与导出相关的配套商业、免费工具，可以与目前现有的多种三维建模软件进行配合，包括 3DS MAX、Maya、Blender 等。

（5）基于插件式的组件系统，除了核心渲染部分。其他 OGRE 组成部分均为插件形式，可以进行动态加载和卸载，拥有良好的模块设计特性。

（6）支持软件、硬件的蒙皮处理技术，支持静态几何体高效渲染，支持二次Bezier曲面。

（7）支持常用的天空系统。

（8）支持大部分的阴影效果，包括叠加性阴影、模板阴影、纹理性阴影、调制阴影等，支持硬件的阴影加速功能。

（9）开放所有的初始化和渲染接口给用户，用户可以对全过程进行自由掌控，配套完整的资源和文档。

5.3.7 Vega

Vega 是美国 Multigen – Paradigm 公司用于虚拟现实、实时视景仿真、声音仿真，以及其他可视化领域的世界领先级应用软件工具。它支持快速复杂的视觉仿真程序，能为用户提供一种处理复杂仿真事件的便捷手段，其渲染效果如图 5 – 30 所示。

图 5 – 30　Vega 渲染效果

Vega 是在 SGI Performer 软件的基础之上发展起来的，为 Performer 增加了许多重要特性。它将易用的点击式图形用户界面开发环境 LynX 和高级仿真功能巧妙地结合起来，使用户以简单的操作迅速地创建、编辑和运行复杂的仿真应用程序。由于 Vega 大幅度地减少了源代码的编程，使软件维护和实时性能的进一步优化变得更加容易，从而大大提高了工作效率。使用 Vega 可以迅速创建各种实时交互的 3D 环境，以满足不同行业的需求。Vega 作为一种硬件虚拟现实的软件接口，并且作为一个独立的工作平台，独立于硬件设备、窗口系统，用它编写的软件可以在 Windows NT 及更高级的操作系统间移植。

5.4 典型军事应用介绍

在军事中,三维图形引擎得到广泛应用,多是作为应用中的图形集成开发和运行环境来使用,典型应用包括以下几类。

1. 在武器装备操作、维修教学、训练中的应用

当前,随着虚拟现实技术的发展,常规武器装备的使用、维修教学、训练手段得到有效扩充,可三维虚拟现实技术,学习人员可借助相关外设,在虚拟的三维环境中对虚拟的武器装备进行操作、维护,在不动用实装的前提下有效提升教学、训练效果,在该训练模式中,三维图形引擎作为集成技术,可将三维环境、三维装备、相关外设进行集成,形成成熟的训练系统,以供使用人员使用,如图 5-31 所示。

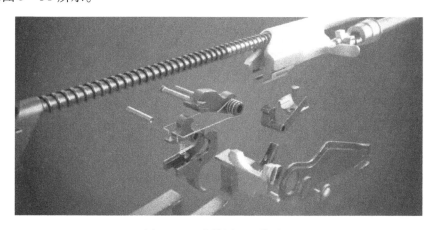

图 5-31 武器原理三维展现

2. 在分析研究战场环境中的应用

对战场环境的常规研究手段包括现地勘察、纸质地图分析、借助地理信息系统软件分析。上述手段有各自优势,可解决战场环境分析研究中的部分问题,而采用三维图形引擎技术,将战场环境进行逼真构建,军事人员可借助外设沉浸其中,对环境的熟悉、掌握更加深入,可作为分析研究战场环境的有效手段。

3. 在三维军事游戏中的应用

在军事训练中,军事游戏当前已在国内外得到广泛应用,军事游戏基于其简易性、沉浸感强、逼真度高等特点,在各个层级训练中均可得到应用,包括技能训练、战术训练及指挥训练等各个方面。而三维军事游戏的支撑基础,即为三维图

形引擎,三维图形引擎将三维战场环境、三维模型、人工智能、外设交互等技术进行集成,即可构建出成熟度高、稳定性高的军事游戏。

4. 在各类模拟器中的应用

当前军事中的模拟器大多是逼真模拟具体型号装备的操作环境,而视景作为模拟器的重要组成部分,也是不可缺少的。如飞机模拟器,就需要将飞行员能看到的场景进行逼真展现,才可使训练人员有逼真性体验。模拟器中的视景的构建基础也是三维图形引擎,可构建陆环境、海环境、空环境等各类训练环境,以供不同类装备模拟器使用,如图5-32所示。

图5-32 坦克模拟器三维视景

5.5 三维图形引擎发展方向

1. 场景管理技术

1)大规模动态场景高效管理技术

场景组织管理按其目的可分为面向交互与面向性能两类。前者主要采用场景图来描述和组织虚拟场景,场景图可以方便地进行更新修改,但进行碰撞检测、可见性剔除的效率较低;后者主要采用空间分割技术作为组织方式,包括二叉树、四叉树、八叉树等方法,其优点是可见性剔除和碰撞检测效率高,但其数据结构的建立和更新开销大,在处理动态或交互性要求高的虚拟场景时效率相对较差。为高效完成碰撞检测和可见性剔除工作，目前图形引擎大多采用面向性能的场景组织方式，下一代图形引擎在场景组织方式上可能很难有大的突破，但应研究新的动态场景组织管理策略，改进场景数据存储方式，优化场景图和空间结构划分技术，进一步提高场景数据结构的建立和更新效率，从而实现大规模动态场景的高效管理。

2) 自适应多线程技术

目前图形引擎一般只是将"剔除""绘制"等任务作为单独的线程，整个图形渲染流程一般仅采用 1~3 个线程进行处理。目前主流 PC 机的 CPU 一般都具有 8 个以上计算核心，而中档图形工作站一般有几十个 CPU，线程过少将不能充分发挥多处理器、多计算核心的优势，因此下一代图形引擎必须进一步分解仿真过程涉及的计算任务，根据 CPU 计算核心数目合理分配计算负载，自动启动与计算核心数目相匹配的线程，并将部分计算转移到 GPU 上进行，达到充分利用硬件资源、提高渲染效率的目的。

3) 支持更大内存寻址空间

当前中档的图形工作站一般都配备 64GB 甚至 128GB 以上的内存，32 位三维图形引擎开发的虚拟仿真系统只能利用不大于 4GB 的内存，不能充分发挥硬件进步带来的性能提升优势。64 位操作系统可以支持 264 的内存寻址空间，最大支持的内存容量远超目前 32 位操作系统，可以获得更高的性能。

4) 高级分布式渲染技术

单台计算机即使拥有多 CPU、多核心，其计算能力仍有限，分布式渲染才是解决大规模仿真渲染效率的最佳方案，目前少数仿真引擎（如 Mantis）已支持一定形式的分布式渲染技术，但仍处于初期阶段，存在一定的缺陷和不足。下一代三维图形引擎的分布式渲染技术可以在网络通信、任务分配调度、数据传输协议等方面进行革新，从而提高超大规模仿真场景的渲染效率。

2. 几何模型构建技术

1) 超大规模几何元素支持

几何模型是三维仿真的基础，直接决定仿真的真实性。受当前硬件性能的制约，整个仿真中允许的多边形和顶点等几何元素数目有限，因此目前实时三维仿真一般使用低精度模型，得到的画面效果的真实性与电影、广告等非实时渲染的画面效果相差甚远。电影属于非实时渲染，画面渲染完成后将不再改变，可以花费更多的渲染时间而得到更佳的视觉效果。在电影中大都采用高精度模型，如一架飞机的三角形数目可达到几百万个以上。电影渲染计算机系统大都采用最高档的图形工作站，但单帧画面的渲染时间一般仍需要几个小时甚至几天。三维仿真和游戏需要根据操作者给出的指令实时生成场景画面，要求帧率不低于24,目前只能通过降低模型精度的方式来提高渲染效率和仿真帧率,如一架飞机的三角形数目一般在1万个以下,这样才能保证实时渲染帧率不影响操作者的视觉感受。

随着计算机硬件性能的革命性进步,显卡GPU、显存、计算能力等将有质的飞跃,可以提供更多的计算机资源来加载和渲染高精度几何模型,预计下一代三维图形引擎将可以提供超大规模的几何元素支持,达到与电影媲美的视觉效果。

2) 高效的曲线曲面仿真

为了提高图形的渲染效率,目前三维图形引擎大都采用多边形建立几何模型,很少内置支持曲线曲面的仿真,多边形模型在载入场景前已建好,引擎只需读取模型中存储的顶点位置、线型、颜色、纹理等参数数据,并根据该几何模型的格式定义构建正确的三维模型并载入场景即可,加载速度较快,易于控制模型精度,便于对仿真规模和仿真效率进行预测和管理,而且显卡等硬件也专门针对多边形渲染进行了特别优化。但采用多边形构建几何模型也有明显的缺陷,部分简单的曲面(如球体),一般需要几千个三角形才能得到较平滑的表面,造成系统负担较重。如果图形引擎支持曲线、曲面建模,球体模型只需1个函数及简单的几个参数就可以非常精确地描述。曲线、曲面建模在三维电影、广告中应用非常广泛,所建模型更加平滑自然,但加载时需要根据曲线、曲面的参数,实时构成三维模型,增加了顶点位置、面片等数据的实时生成过程,造成仿真效率明显下降,因此曲线、曲面建模目前主要用于电影、广告等非实时渲染领域。随着硬件性能的不断提升,硬件资源将不再成为问题,考虑到曲线、曲面仿真可以提供更加逼真的视觉效果、更加高效的建模手段,预计下一代图形引擎将对曲线、曲面仿真提供更完美的解决方案。

3) 高级实时动态变形技术

目前图形引擎大都仅支持几何模型实时简单变形,较有代表性的是虚拟人仿真。虚拟人仿真使用的技术有关节动画、渐变动画、骨骼动画等,但这些动态变形仅能满足最基本的变形需求,其变形是可以预知的,在仿真开始前就已经建立固化的动作库,仿真中只是进行调用,很难实时完成其他不可预知的变形。除虚拟人仿真外,还有碰撞处理、软件动力学、流体仿真、布料仿真、植被等都需要用到动态变形技术。这些仿真首先需要进行动力学计算,获取计算结果后,采用动态变形技术将计算结果用图形可视化方式表现出来。这些动态变形的多边形运动没有规律可循,且需要根据受力情况提供不同的动态表现形式,因此其仿真难度很大,目前一般只在非实时渲染中进行。随着计算机硬件性能的提升,以及GPU编程技术的发展,可以在GPU的顶点处理器中对多边形顶点进行更复杂的控制,且相关算法日趋完善,下一代三维图形引擎有望支持更多的动态变形技术。

4)先进纹理贴图技术

现有图形引擎主要使用二维纹理贴图,通过将二维纹理贴在三维模型的多边形上来提高模型真实度,且同一个多边形可以支持多层纹理,通过各层纹理的融合实现较复杂的效果。但常规二维纹理很难表现材料质地和局部的高低,光线从不同角度照射基本没有区别。为改善二维纹理贴图的效果,出现了凹凸贴图、环境贴图、视频纹理、双向纹理等新概念二维纹理。凹凸贴图用于表现如砖墙、轮胎花纹等较小的凹凸不平的细节效果,可以在不增加多边形数目的情况下提高模型的精细度。视频纹理通过将视频中的二维帧图像提取出来并贴在多边形表面,可以为虚拟场景中的虚拟电视机、广告牌、喷泉、瀑布等提供动态模拟。但这些新概念纹理并没有从根本上解决二维纹理的不足。

三维纹理是纹理技术的革新,它内部包括整个体积的像素点,每个点在纹理内部空间中有三维的相对坐标,不再需要将图案贴在表面,而是将三维纹理部分地取舍和扭曲,把它变成最终物体的形状,但使用三维纹理需要消耗非常惊人的系统资源,其耗费的系统资源将随着纹理的分辨率呈立方级数增加。比如,二维纹理目前最大分辨率可以达到 4096×4096,而三维纹理分辨率暂时只能达到 $256 \times 256 \times 256$ 的水平,即便如此低的分辨率就有 16M 个体素点,如采用 32 位的色彩精度,需要 64MB 的显存空间,很难支持在仿真中大规模使用三维纹理。除显卡显存空间限制外,对三维纹理数据进行过滤、半透明混合和几何变形所需计算资源也非常惊人。但随着计算机硬件及三维纹理数据处理技术的进步,图形引擎有望逐步解决大规模应用三维纹理所面临的难题,为复杂物体的建模提供更有效的手段。

3. 物理学仿真技术

物理学仿真主要涉及碰撞检测、碰撞处理和动力学仿真 3 个部分。

1)碰撞检测

碰撞检测用于检测对象之间是否发生相互作用,只有检测到发生了碰撞,才能进行后续的动力学仿真及碰撞处理。

物理学仿真包括刚体、软体和流体的仿真,其难点包括动力学建模和工程实现两个方面。动力学仿真目前已有较大突破,出现了较多专业的刚体、软体和流体仿真软件,但这些软件只能在其自身构建的简单物理环境中运行。碰撞检测需要进行大量的相交测试,虚拟仿真系统或游戏中一般存在大量的仿真对象,如果全部纳入同一个物理环境,目前计算机硬件根本无法承受。因此刚体、软体或流体仿真工具一般都是作为插件为图形引擎提供支持,并构建各自独立的物理世界,仿真时只将需要进行碰撞检测的对象加入该物理世界,比如,在使用Vortex

进行刚体仿真时,参与刚体仿真的对象需要根据自己的外形设定一个碰撞检测包围盒,用包围盒代表该对象加入 Vortex 构建的刚体物理世界,并用包围盒代表该物体与刚体物理世界中其他对象进行碰撞检测。而如果该仿真同时使用 Physx 进行软体仿真,也需要建立独立的软体物理世界和相关包围盒。目前各个物理世界的包围盒并不能共用,这样整个仿真系统就存在引擎本身、刚体和软体3个不同的物理世界,极大地增加了仿真系统的复杂度。目前刚体、软体、流体等专业仿真软件一般都属于不同公司的产品,集成度、通用度低,下一代三维图形引擎应将相关公司产品进行整合,做到各个产品的物理世界对象可以通用,这样可以大大降低系统复杂度和开发工作量,且大幅提高仿真效率。

2)碰撞处理

碰撞处理是系统完成碰撞检测后,对发生碰撞对象的行为进行处理的过程,比如,当一个球从高处掉到地面时,系统检测到球与地面碰撞后,需要根据物理模型对球、地面的后续行为进行仿真,计算结果决定球弹起的高度、变形、后续运动等情况。

目前的图形引擎大都能提供简单的碰撞检测能力,但一般都不具备碰撞处理功能,必须由用户自己编程进行碰撞处理。碰撞处理涉及的内容非常多,除受力情况分析外,还涉及实时动态变形、特效仿真等技术。目前很多公司在开发第三方软件/插件,为图形引擎提供碰撞检测、动力学仿真和碰撞处理工作。第三方软件必须构建自己的物理环境,不能与图形引擎共用同一个物理世界,造成系统资源浪费严重,开发工作量巨大,其发展趋势是实现碰撞检测、处理和动力学仿真功能集成、资源通用。

3)动力学仿真

动力学仿真用于计算对象的受力情况,除用户定制开发的动力学模型外,如飞行仿真中用户根据机型特性定制的飞控模型,还有很多第三方软件支持常见的动力学仿真工作,包括刚体、软体、流体等,它们一般同时具有碰撞检测、碰撞处理功能。

刚体动力学仿真的下一步发展方向是与软体、流体动力学仿真引擎等进行集成,新版 Vortex 的绳索仿真就是该发展趋势的一个初步尝试,因为严格意义上讲绳索并不属于刚体,而是属于软体。

软体动力学仿真下一步的研究趋势是:软体几何建模技术、高效碰撞检测技术、软体材质特性库、软体仿真方法。

流体动力学仿真下一步将在如下方面取得进步:水体仿真、动态植被模拟、气象景观、爆炸模拟、天空景观仿真。

4. 光照和着色技术

1）高级实时光照技术

光照用来表示材质和光源之间的相互作用,也可以表示光源与所绘制几何对象之间的相互作用,而着色处理则是计算光照并决定像素颜色的过程。目前在电影、广告等非实时渲染领域的高级光照技术已相对成熟,但实时渲染仍主要使用简化的光照模型,光照效果一般。

光照模型有局部光照模型和全局光照模型。目前主流三维图形引擎一般只提供局部光照模型,局部光照模型只考虑由光源引起的漫反射分量和镜面反射分量,环境反射分量仅用常量来代替,其真实性受到影响;全局光照明模型能同时模拟光源和环境照明效果,可提供真实感更强的光影效果。光线跟踪算法是最经典、应用最为广泛的全局光照模型,大多数光照模型都以它为基础,至今仍是图形学的研究热点,其理论不断得到改进和完善。光线跟踪算法基于几何光学原理,通过模拟光的传播路径来确定反射、折射、透射和阴影等,对每个像素进行单独计算,因此能很好地表现细节。该算法由于需跟踪每一条从视点发出的光线,因而涉及大量的光线与场景对象的求交运算,所需的计算量十分惊人。一般生成一幅中等复杂程度的图形需要进行几百万次直线与场景对象的求交运算,计算量巨大限制了该算法在实时三维图形引擎中的应用。

下一代三维图形引擎可通过以下途径解决光线跟踪算法在实时仿真的应用瓶颈:一是优化算法,提高光线与场景对象的求交运算效率,如采用光线跟踪参数曲面片、代数曲面片、分维曲面等,针对曲面特点改善求交运算的数学方法,减少求交计算量;二是应用包围盒算法和空间剖分算法等技术,快速确定光线与景物是否相交;三是采用性能更好的硬件设备,如多核心 CPU、专用计算加速硬件或 GPU 等,尤其是 GPU 开始应用于通用计算领域,传统光照模拟中大量由 CPU 完成的计算量可转移到 GPU 完成,GPU 天生支持矢量、矩阵计算,对矢量、矩阵等的计算效率高于 CPU,能大幅提高计算效率,从硬件上提供更强的求交计算能力。

2）高级着色技术

除光照外,着色处理也是虚拟环境真实感的一个决定性因素,着色处理方法主要有 Flat、Gouraud 和 Phone 三种,分别基于多边形、顶点和像素来计算光照效果。在高级着色语言出现前,程序员很难方便地控制顶点和像素,很难制作出精美的动画和逼真的光影效果。随着 GPU 技术的发展,目前主流图形引擎都直接或间接支持对顶点着色器和像素着色器的编程,可实现更加复杂的仿真效果,下一代图形引擎有望提供更加逼真、复杂的光影效果。

第 6 章
虚拟现实、增强现实、混合现实

虚拟现实、增强现实、混合现实近年来蓬勃发展,已经广泛渗透于生产、生活、学习和娱乐的各个领域,在多个行业均有应用。该技术产生于 20 世纪 60 年代,真正活跃于人们面前是在 20 世纪 80 年代末,而真正引起大量资金涌入和全面市场化是近几年的事情。该技术涉及计算机图形学、传感器技术、动力学、光学、流体力学、人工智能和社会心理学等研究领域,是多媒体和三维技术发展的更高境界。

本章介绍虚拟现实、增强现实、混合现实技术实现的支撑软件、硬件情况,并简要介绍上述技术在军事中的典型应用。

6.1 虚拟现实及其开发技术

6.1.1 概念特点

虚拟现实(virtual reality,VR)技术涉及计算机图形学、传感器技术、动力学、光学、流体力学、人工智能和社会心理学等研究领域,是多媒体和三维技术发展的更高境界。

1. 概念

虚拟现实技术是采用计算机技术生成一个三维的、逼真的,能够提供给用户关于视觉、听觉、触觉等一体化感官模拟的虚拟环境,用户可以借助外置装备,以自然的方式与虚拟环境进行交互作用、相互影响,从而产生身临其境的感受和体验。

在此概念中,应重点把握几个方面:

(1)虚拟环境是人工制造出来的,存于计算机系统内部,用户可以进入这个环境,以自然的方式进行交互,而交互是指用户可以感知环境和干预环境,并产生置身于真实环境的虚幻感和沉浸感。

(2)人机接口的内容,不再是传统的数据和信息,而是计算机提供环境,人去感知和干预环境。

(3)人机交互的工具,不再是传统的键盘和鼠标,而是视觉、听觉和相关的自然操作设备。

(4)人机交互效果,更加自然、逼真。

2. 特点

虚拟现实是可交互和沉浸的,同时还有一个特征是想象力。因为虚拟现实同时是要解决现实问题的,而为解决现实问题开发的虚拟现实系统要想取得逼真的效果,就需要开发者具备强大的想象力。

虚拟现实具有沉浸感、交互性和想象力三个特性,任何虚拟现实系统均可用这三个特性来描述,其中沉浸感和交互性又是判断虚拟现实系统的关键特性,如图6-1所示。

图6-1 虚拟现实的三个特性

1)沉浸感

沉浸感又称临场感,是虚拟现实最重要达到的目标。也就是说,一个虚拟现实系统的好坏,完全取决于它的沉浸感实际效果。用户与虚拟环境中的对象相互作用时,就像在现实世界一样。例如,当用户移动头部时,虚拟环境中的图像应实时地跟随变化,物体也可以随着手势移动而运动,还可以听到三维仿真声音等。沉浸感是虚拟现实的目标,交互性和想象力是实现虚拟实现的基础,三者之间是过程与结果的关系。

2)交互性

虚拟现实系统提供一种近乎自然的交互,能够通过特殊头盔、数据手套等传感设备进行交互。计算机能够根据用户头、手、眼、语言及身体的运动,来调整系统呈现的图像及声音。用户通过调整自然地语言、身体运动或动作等自然技能,对虚拟环境中的任何对象进行观察和操作。比如,当用户用手去抓取虚拟环境中的物体时,手应有握东西的感觉,而且可感受到物体的重量。

3)想象力

想象力是指在虚拟环境中,用户可以根据所获取的多种信息和自身在系统中的行为,通过联想、推理、逻辑判断等思维和构思的过程,随着系统的运行状态变化对系统运行的未来进展进行想象,以获取更多的知识,认识复杂系统深层次的运动机理和规律性。

交互性和沉浸感是虚拟现实技术区别于其他技术的本质,如三维动画、科学可视化、多媒体图形图像等。

6.1.2 系统组成

典型的虚拟现实系统主要包括用户、效果产生器和实景仿真器三部分,如图 6-2 所示。

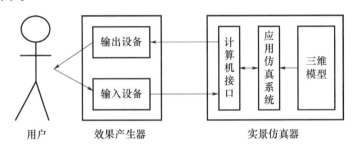

图 6-2 虚拟现实系统构成

1. 效果产生器

效果产生器是完成人与虚拟环境硬件交互的接口装置,包括产生沉浸感的各类输出设备,以及能够测定视线方向、肢体动作的输入设备。其中,输入设备是虚拟现实系统的输入接口,功能是检测用户输入信号,并通过传感器输入计算机,根据功能与目的的不同,输入设备的类型及其覆盖的感官通道也不同。输出设备是虚拟现实系统的输出接口,是对输入的反映,功能是让用户产生逼真的沉浸环境。

2. 实景仿真器

实景仿真器是虚拟现实系统的核心部分,是虚拟现实的引擎,由计算机软件、硬件组成,接受输入设备的数据并向输出设备输出数据。其基本原理是负责从输入设备中读取数据、访问与任务相关的数据库、执行任务要求的实时计算,从而更新虚拟世界的状态,并把结果反馈给输出显示设备。

应用仿真系统是面向具体问题的软件部分,用以描述仿真的具体内容,包括仿真的动态逻辑、结构,以及仿真对象之间和仿真对象与用户之间的交互关系。应用仿真系统的内容直接取决于虚拟现实系统的应用目的。应用仿真系统主要由三维图形引擎构建完成。

三维模型提供了描述仿真对象的物理特性(外形、颜色、位置)的信息。应用仿真系统在生成虚拟环境时要使用和处理这些信息。

6.1.3 开发技术

1. 三维建模技术

三维建模技术利用三维数据将现实中的三维物体或场景在计算机中进行重

建,最终再计算模拟出真实的三维物体或场景。通常,在虚拟现实领域,三维建模是指在计算机上建立完整的产品三维数字化模型的过程。

2. 人机交互技术

虚拟现实要求人可以在计算机提供的虚拟空间中,使用眼睛、耳朵、皮肤、手势和语音等各种感觉方式直接与之发生交互,比较常用的人机交互技术包括手势识别技术、面部表情识别技术、眼动跟踪技术及语音识别技术等。

1) 手势识别技术

手势识别技术使用户可以使用简单的手势来控制或与设备交互,使计算机理解人类的行为。其核心技术为手势分割、手势分析和手势识别。在计算机科学中,手势识别可以来自人的身体各部位的运动,但一般指脸部和手的运动。

手势识别的输入设备主要分为基于数据手套的识别系统和基于视觉(图像)的识别系统两类。

基于数据手套的识别系统利用数据手套和未知跟踪器来捕捉手势在空间运动的轨迹和时序信息,对较为复杂的手的动作进行检测,包括手的位置、方向和手指弯曲度等,并可根据这些信息对手势进行分析。

基于视觉(图像)的手势识别从视觉通道获取信号,通常采用摄像机采集手势信息,由摄像机连续拍下手部的运动图像,先采用轮廓的办法识别手上的每一个手指,在用边界特征识别的方法区分出一个较小的、集中的各种手势,主要包括模板匹配、人工神经网络和统计分析方法。

2) 面部表情识别技术

面部表情识别技术是利用及其识别人类面部表情的一种技术。人可以通过脸部的表情表达自己的各种情绪,传递必要的信息。面部表情识别技术包括人脸图像的分割、主要特征(如眼睛、鼻子等)定位及识别。

一般人脸检测问题可以描述为:给定一副静止图像或一段动态图像序列,从未知图像背景中分割、提取并确认可能存在的人脸,如果检测到人脸,则提取人脸特征。在某些可以控制拍摄条件的场合,将人脸限定在标尺内,此时人脸的检测与定位相对容易。在另外一些情况下,人脸在图像中的位置是未知的,这时人脸的检测与定位将受到以下因素影响:人脸在图像中的位置、角度和不固定尺度及光照的影响,发型、眼镜、胡须及人脸的表情变化,以及图像中的噪声等。

人脸检测的基本思想:建立人脸模型,比较可能的待检区域与人脸模型的匹配程度,从而得到可能存在人脸的区域。

例如,VIPKID公司深度融合运用人脸识别技术实现课堂表情数据分析,优化教学模式。其原理是在教学过程中通过人脸识别、情绪识别等技术,抓取师生上课数据,对师生表情进行分析,计算分析学生的视线关注情况。了解在线远程学习过程中,促成学生专注度形成与知识习得的关键因素,进而提高学生的关注度,提高学习效率。

3) 眼动跟踪技术

人在不转动头部的情况下,仅仅通过移动视线来观察一定范围内的环境或物体。为了模拟人眼功能,在虚拟现实系统中引入眼动跟踪技术。

眼动跟踪技术利用图像处理技术,使用能锁定眼睛的特殊摄像机通过摄入从人的眼角膜和瞳孔反射的红外线连续地记录视线变化,从而达到记录、分析视线追踪过程的目的。

4) 语音识别技术

语音识别技术是将人说话的语音信号转换为可被计算机程序识别的文字信息,从而识别说话者的语音指令集文字内容的技术,包括参数提取、参考模式建立和模式识别等过程。与虚拟世界进行语音交互是实现虚拟现实系统的一种高级目标。

3. 立体显示技术

立体显示是虚拟现实的关键技术之一,它使人在虚拟世界里具有更强的沉浸感,立体显示的引入可以使各种模拟器的仿真更加逼真。当前,立体显示技术主要是指以佩戴立体眼镜等辅助工具来观看立体影像。随着观影要求的不断提高,由非裸眼式向裸眼式的技术升级成为发展重点和趋势。

4. 真实感实时绘制技术

虚拟世界不仅需要真实的立体感,还需要实时生成,这就必须发展真实感实时绘制技术。真实感的含义包括几何真实感、行为真实感和光照真实感。几何真实感指与描述的真实世界中对象具有十分相似的几何外观,行为真实感指建立的对象对于与观察者而言在某些意义上是完全真实的,光照真实感指模型对象与光源相关作用产生的真实世界中亮度和明暗一致的图像。实时的含义则包括对运动对象位置、姿态的实时计算与动态绘制,使画面更新达到人眼观察不到闪烁的程度,并且对用户的输入能立即做出反应,并产生相应场景及事件的同步。真实感实时绘制技术要求当用户的视点改变时,图形显示速度也必须跟上视点的改变速度,否则会产生迟滞现象。

5. 三维虚拟声音

三维虚拟声音是在虚拟场景中能使用户准确判断出声源精确位置、符合人们在真实境界中听觉方式的声音系统。

立体声是指具有立体感的声音。自然界发出的各种声音都是立体声。但如果把这些立体声经记录、放大等处理后重放,所有的声音都从一个扬声器发出来,这种重放声就不是立体声了。由于各种声音都从一个扬声器发出来,原来的空间感消失了,这种重放声称为单声。如果从记录到重放整个系统能够在一定程度上恢复原发声的空间感,那么,这种具有一定程度的方位层次等空间分布特性的重放声,就是立体声。

三维虚拟声音与立体声略有不同,就整体效果而言,立体声来自听着面前的某个平面,而三维虚拟声音则来自围绕听着双耳的一个球形中的任何地方,即声音出现头部的上方、后方或前方。虚拟声音就是要在双声道力提升的基础上,不增加声道和音响,把声场信号通过电路处理后播出,使听着感到声音来自多个方向,产生立体的仿真声场。在战斗仿真中,射击的枪声可能来自士兵的各个方向,应通过声音模拟出这种效果。

6. 碰撞检测技术

碰撞检测技术是用来检测对象甲和对象乙相互作用的技术。在虚拟世界中,由于用户与虚拟世界的交互及虚拟世界中物体的相互运动,物体之间经常会出现发生相碰的情况。需要及时检测出这些碰撞现象,产生相应的碰撞反应,并及时更新场景输出,否则就会发生穿透现象。碰撞检测时,首先应检测到有碰撞发生及发生碰撞的位置,其次是计算出发生碰撞后的反应。虚拟环境中,物体形状复杂、碰撞频发,检测工作量大,对实时性有较高的要求,通常要求检测碰撞的时间在 30~50ms。

6.2 增强现实与混合现实技术

6.2.1 增强现实

1. 概念

增强现实(augmented reality,AR)技术,是将计算机生成的文本信息、图像、虚拟三维(3D)模型、视频或场景等实时、准确地叠加到使用者所感知的真实景物中,实现虚拟场景和真实场景的有机融合,从而达到超越现实的感官体验。通过 AR 技术与视频图像算法、视频压缩及传输、云计算、大数据等科学技术的深度融合,视频监控系统作为关键性内容的输入端和图像、数据的处理端,可以有效针对虚拟现实场景,强化内容拼接、色差消除、景深调整、数据处理、结构化数据提取和分析等技术处理效果,为用户提供浸入式的视频感知体验,为视频监控行业创造出崭新的行业应用和市场需求,推动视频监控系统在民用、商用等领域得到更为广泛的应用。可以说 AR 技术是安防行业发展的新机遇。

2. 典型应用

VizIR AR 火灾救援系统是由瑞典初创公司 Darix 研发而成,初代 VizIR 由增强现实(AR)眼镜结合热成像相机构成,可以帮助消防员在黑暗、浓烟的环境中看到东西,热成像相机捕捉画面后通过 AR 眼镜投射到消防员眼中,使消防员在搜救时做到准确高效。

电动汽车的新浪潮也给现场急救人员带来了新的考验,现场急救人员在紧急情况下无法像以前一样轻易地判断该如何切割车身救出事故者,由于电动车体内隐藏着高压线缆、电池组或者其他新型传动部件等,一不小心就会发生其他灾难。应用 AR 增强现实技术后,救援人员可以知道金属板下面藏着什么,从而知道切开是否安全。

3. VR 与 AR 区别

(1)虚拟现实看到的场景和人物全是虚拟的,重点是将人的感观带入一个虚拟世界。增强现实看到的场景和人物则部分真实部分虚拟,是把虚拟的信息带入到现实世界中。

(2)两者对于浸没感的要求不同,虚拟现实系统强调用户感官的完全浸没,通常需要借助能够将用户视觉与现实环境隔离的显示设备。与之相反,增强现实强调用户在现实世界的存在性并努力维持其感官效果的不变性,致力于将计算机产生的虚拟环境与真实环境融为一体,从而增强用户对真实环境的理解。

(3)虚拟现实系统需要巨大运算能力的支持才能展现出沉浸式场景,且逼真程度无法达到与人感官能力完美匹配的程度;增强现实技术则是在充分利用真实环境影像的基础上,叠加虚拟信息(物体、图片、视频、声音等),从而大幅降低了对计算机图形能力的要求。

6.2.2　混合现实

混合现实(mixed reality,MR)技术是将虚拟世界与现实场景融合起来,直至模糊了两者的界限,让人分不清眼前的景象哪些是虚拟的、哪些是现实的。

按这样的定义,如谷歌的 Google Glass 直接将虚拟图像叠加于现实场景之上的技术就是 AR,而如微软的 HoloLens 这样能将虚拟图像和现实场景和谐地融合起来的技术就是 MR。现在的手机能够实现 AR,但实现不了 MR。这么看来,AR 和 MR 的区别还是很明显的。

例如,在 AR 游戏《精灵宝可梦 Go（Pokemon Go）》中,用户在手机上看到的图像,是在摄像头扫描的现实场景上叠加了游戏角色即精灵的混合图像,精灵图像的大小是固定的,不会随着用户的远近移动而缩小或变大,这就仅仅只是 AR;而如果将计算机运算产生的精灵的图像融入现实场景之中,就会更加 3D 立体化,符合现实世界中的透视法则,能随着用户的远近移动而缩小或变大,那就可称为 MR 了。再如,在现实场景的墙上,挂上由计算机运算产生的一个钟,在 MR 上可以实现,那个钟会一直挂在墙上,不会随着用户的移动而发生位置的变更,但会随着观察者的方位变更缩小变大、旋转角度;但这在 AR 上是无法实现的,在 AR 上钟只能贴在屏幕上某个位置,无论用户怎样移动,钟还是贴在屏幕上的固定位置,也不会发生大小和角度的变更。

6.3 典型外设硬件介绍

虚拟现实、增强现实、混合现实的实现和使用,需要借助相关硬件外设,以此来拓展用户的视觉、触觉等感官体验,使用户能够产生沉浸式交互的体验,涉及的外设主要包括 VR 头戴显示（头显）设备、AR/MR 头戴显示设备、交互设备等。

6.3.1 VR 头戴显示设备

VR 头戴显示设备是虚拟现实技术实现方式之一。VR 设备的优势就是能够提供一个虚拟的三维空间,让用户从听觉、视觉、触觉和嗅觉等感官上体验到非常逼真的模拟效果,仿佛身在其中。

纵观 VR 市场,呈现"手机盒子、一体机、PC 头盔"三分天下的局面,对于低端市场,手机盒子以低廉的价格抢滩,但仅是一个入门级产品;高端市场,PC 头盔以优秀的成像技术为用户带来完美体验,但价格较为高昂;VR 一体机是上面两类产品的平衡,便携的特性、较为优秀的画质、中端的价格,让一体机在 VR 头显中也有一席之地。

1. PC 主机端头显

PC 主机端头显也称外接头戴式显示设备,需连接 PC、PS4 等设备工作。外接式头显,用户体验较好,具备独立屏幕、产品结构复杂、技术含量较高,但对连接的主机设备要求较高。因技术含量高,比较适合企业级的用户。

比较典型的 PC 主机端头显如图 6-3~图 6-5 所示。

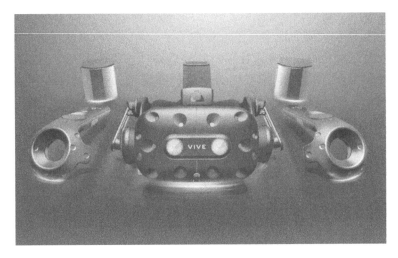

图 6-3 HTC Vive 套件

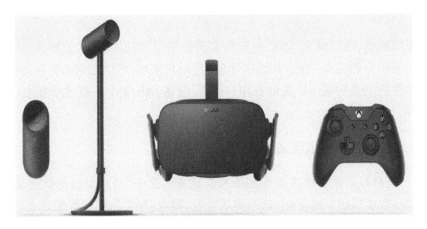

图 6-4 Oculus Rift 套件

2. 移动端头显

移动端头显也称手机盒子,由一个硬纸板或塑料外壳、两块凸透镜、外加一部手机组成,简单的配置就可以体验一场虚拟现实。相对于 PC 端的头显设备来说成本低很多。

比较典型的产品如图 6-6 和图 6-7 所示。

3. VR 一体机

VR 一体机是具备独立处理器的 VR 头显,具备独立运算、输入和输出功能。功能虽然没有外接式 VR 头显强大,但是没有连线束缚,自由度更高。

典型产品如图 6-8～图 6-12 所示。

第6章 虚拟现实、增强现实、混合现实

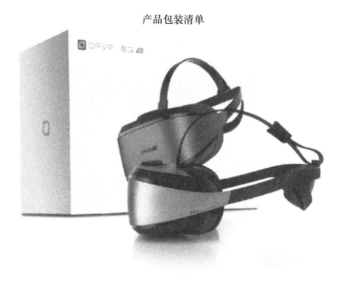

产品包装清单

E34K包装清单

E34K*1　三合一线*1　音频线*1　眼镜布*1　说明书*1　三包卡*1
充电插头*1

推荐计算机配置

建议配置 仅供参考

（大朋模式）

显卡：Nvidia GeForce GTX970或AMD Radeon R9290同等或更高配置
处理器：i5-4560或AMDFX8350同等或更高配置
内存：4G同等或更高
操作系统：Win7SP165位/Win8.164位/Win1064位

（DK模式）

显卡：Nvidia GeForce GTX760同等或更高配置
处理器：i5-4560或AMD FX8350同等或更高配置
内存：4G同等或更高
操作系统：Win7SP1 32位或64位/Win8.132位或64位

图6-5　国产大朋VR虚拟现实头盔E3-4K产品参数

图 6-6 谷歌 Cardboard

图 6-7 三星 Gear VR 效果

图 6-8 爱奇艺 4KVR 一体机

图 6-9 爱奇艺 4KVR 一体机使用效果

第 6 章 虚拟现实、增强现实、混合现实

pico neo2

头手6DoF VR一体机

Inside-Out 全屋级别空间定位
360°无死角 双手柄电磁定位
4K 75Hz高清屏幕，101°FOV，可佩戴眼镜
340g轻盈机身*，电池后置设计
骁龙845，6G RAM，128G ROM

图 6-10　pico neo2

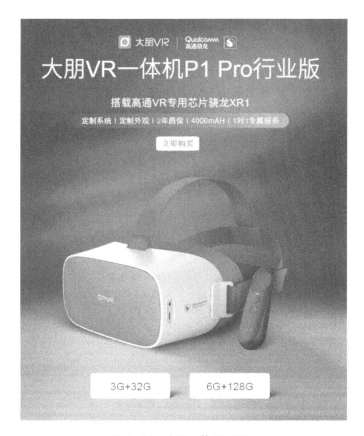

图 6-11　大朋一体机 P1 Pro

· 095 ·

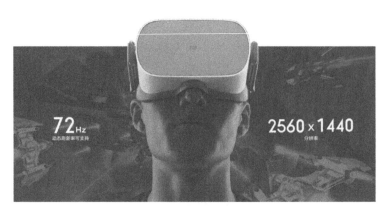

图 6-12　小米 VR 一体机

6.3.2　AR/MR 头戴显示设备

增强现实(AR)、混合现实(MR)是通过计算机系统提供的信息增加用户对现实世界感知的技术,将虚拟的信息应用到真实世界,并将计算机生成的虚拟物体、场景或系统提示信息叠加到真实场景中,从而实现对现实的增强。在视觉化的增强现实中,用户利用头盔显示器,把真实世界与计算机图形多重合成在一起,便可以看到真实的世界围绕着他。其工作原理是通过一组光学系统(主要是精密光学透镜)放大超微显示屏上的图像,将影像投射于视网膜上,进而呈现于观看者眼中大屏幕图像,形象点说就是拿放大镜看物体呈现出放大的虚拟物体图像。

典型的产品如图 6-13~图 6-17 所示。

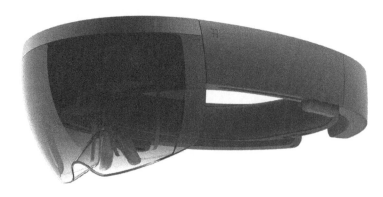

图 6-13　Microsoft HoloLens

图 6-14 Magic Leap

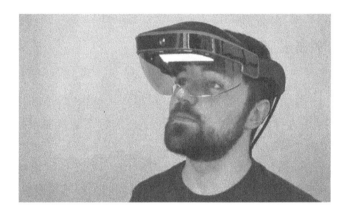

图 6-15 Meta Glass

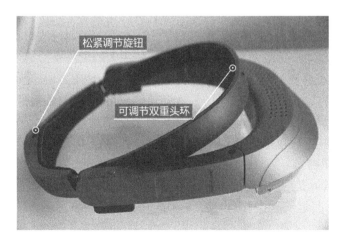

图 6-16 国产影创 Halo Mini

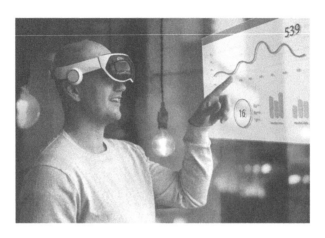

图 6-17 国产影创混合现实眼镜 Action One

6.3.3 交互设备

1. VR 手柄

VR 手柄属于局部动作追踪器,包括采用惯性传感器、震动马达的传统手柄及动作感应手柄。在体验虚拟现实游戏时,手柄相对于键盘和鼠标来说能更快更好地操作,带来更好的体验。

基于惯性传感器的手柄根据加速度和磁场传感器在各测量轴方向上的分量,计算得出手柄相对于重力加速度轴和地磁场轴的俯仰角及方位角,将这两个角度作为手柄的状态变量计算得到动作指令,通过串口传送到主机端,然后在虚拟场景中完成相应虚拟场景动作。

VR 手柄还可以通过外部摄像头实现手柄的位置追踪,使得用户通过操纵 VR 手柄可以在虚拟场景中进行交互。此外,手柄还可以通过按钮方式进行人机交互,并通过震动马达的方式实现反馈,增强使用者的沉浸感。

VR 手柄还具备结构简单、性能稳定、成本低廉及使用方便的特点,并且只需要更改虚拟场景内容即可将该系统移植到其他应用领域,可移植性非常强。VR 手柄现阶段比较明显的缺陷是对于手部关节的精细动作无法复原,无法进行手部动作的精确定位,容易受到周围环境铁磁体的影响而降低精度。

2. 手势识别

Leap Motion 是面向 PC 及 Mac 的体感控制器,Leap Motion 控制器不会替代键盘、鼠标、手写笔或触控板,相反,Leap Motion 与它们协同工作。当 Leap Motion 软件运行时,只需将它插入 Mac 或 PC 中,一切即准备就绪。只需挥动一只手指即可浏览网页、阅读文章、翻看照片、播放音乐;即使不使用任何画笔或笔刷,用指尖即可以绘画、涂鸦和设计;也可用手指切水果、打坏蛋;还可用双手飚赛车、玩飞机大战。这种交互体验类似于在表演一场魔法秀。拥有这么强大功能的设备其重量只有32g,尺寸大约为80mm×30mm×11mm。

  Leap Motion 是基于双目视觉的手势识别设备。首先从双目摄像头采集操作者手势动作的左右视觉图像,通过立体视觉算法生成深度图像,如图6-18~图6-20所示。具体过程:经过立体标定后获取经过校准的立体图像后,进行立体匹配,获得视差图像,再利用摄像机的内参数及外参数进行三角计算获取深度图像。然后对左(或右)视觉图像使用手势分割算法处理,分割出人手所在的初始位置信息,并将该位置作为手势跟踪算法的起始位置。而创业公司 Leap Motion 推出的全新手势操控技术,其精度达到了1/100mm,也就是说,只要手指微动,它都能灵敏地识别并作出反应。

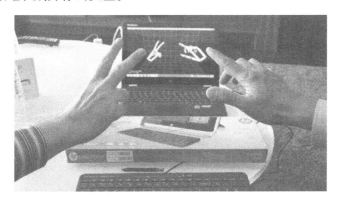

图6-18 Leap Motion(1)

图6-19 Leap Motion(2)

图 6-20 Leap Motion(3)

3. VR 数据手套

数据手套是一种多模式的虚拟现实硬件,通过软件编程可进行虚拟场景中物体的抓取、移动、旋转等动作,也可以利用它的多模式性,作为一种控制场景漫游的工具,如图 6-21 和图 6-22 所示。数据手套的出现,为虚拟现实系统提供了一种全新的交互手段,产品已经能够检测手指的弯曲,并利用磁定位传感器来精确地定位出手在三维空间中的位置。这种结合手指弯曲度测试和空间定位测试的数据手套称为"真实手套",可以为用户提供一种非常真实自然的三维交互手段。

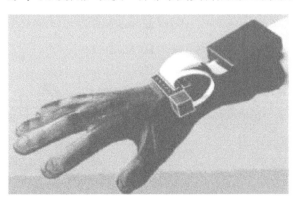

图 6-21 数据手套

数据手套一般按功能需要可以分为虚拟现实数据手套和力反馈数据手套。上面介绍的为虚拟现实数据手套。

借助力反馈数据手套触觉反馈功能,用户能够用双手亲自"触碰"虚拟世界,并在与计算机制作的三维物体进行互动的过程中真实感受到物体的振动。触觉反馈能够营造出更为逼真的使用环境,让用户真实感触到物体的移动和反应。此外,系统也可用于数据可视化领域,能够探测出与地面密度、水含量、磁场强度、危害相似度或光照强度相对应的振动强度。

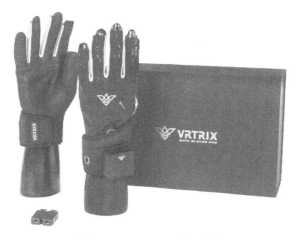

图 6-22 VRTRIX 数据手套

数据手套中装有许多光纤传感器,能够感知手指关节的弯曲状态,将状态信息转换成电信号并经过微处理器处理后再通过串口输出给计算机。数据手套不仅能将人手的姿态准确实时地传输给虚拟环境,而且能够把手与虚拟物体的接触信息反馈给操作者从而令操作者与虚拟环境之间以更自然、更具有沉浸感的方式进行交互。

数据手套的优点是输入数据量小、速度快,直接获得手在空间的三维信息和手指的运动信息,可识别的手势种类多,能够进行实时地识别。此外,该类产品的设计是为了满足那些从事运动捕捉和动画工作的专家们的严格需求,其使用简单、操作舒适、驱动范围广及数据质量高,适用于机器人系统、操作外科手术、虚拟装配训练、手语识别系统和教育娱乐诸多领域。

但缺点在于:由于受技术及材料的影响,该类产品价格昂贵,普通应用场合难以承受,受众范围小,而且由于数据手套上一些硬件设备(如传感器)的材料比较娇贵,存在老化快、不能长时间应用等缺点。

4. 动作捕捉衣

基于惯性传感器的动作捕捉技术是一项融合了传感器技术、无线传输、人体动力学和计算机图形学等多种学科的综合性技术。动作捕捉衣如图 6-23 和图 6-24 所示。

惯性动作捕捉技术具有如下特点:

(1)系统小型化。传统的光学动作捕捉系统普遍需要运算能力极强的高性能工作站才能满足计算要求。为了缩小系统尺寸、降低系统成本,Noitom 在系统设计中采用了分布式计算方式,充分利用各采集节点的单片机计算性能,极大地节省了中控软件计算所需要的资源,使中控系统在普通 PC 上即可流畅运行。

图 6-23　动作捕捉衣 1

图 6-24　动作捕捉衣 2

(2)弹性架构设计。系统不需要固定传感器数目,用户可根据自身需求,灵活地在系统中增加或减少传感器数目,极大地满足了不同用户在多样场景下的不同使用需求,为使用者提供便利。当然节点越多,可模拟的范围就越大,动作精度也越高。

(3)高性能的人体动作恢复算法。系统算法有着诸多技术亮点,如 Bayesian 算法与 Kalman Filter 相结合、位移修正与姿态角修正互补及利用人体力学模型修正传感器数据等。基于优化的算法不仅能计算效率高,而且精度高,相比市场上的同类产品,TrueMotion 拥有极强的竞争力。

(4)满足实时预览与动画回放性能的平衡设计。在三维动画创作过程中,实时预览与动画动作输出是两个有着不同需求的功能。TrueMotion 产品创造性地将整体算法分解为两部分,第一部分完成动作的粗调,第二部分进行动作细节的精细优化。在实时预览时只开启第一部分,而在动画数据导出时再进行第二部分的工作,以此对使用者的两类不同需求进行平衡。

丹麦初创公司 Rokoko 给出了一个低成本的方案:Smartsuit Pro,一件 2500 美元的衣服,如图 6-25 所示。这件衣服配置了 19 个感应器,分布在胳膊、腿、躯体等部位。它能够记录演员的身体动作,将数据存储在小型硬盘里,或者实时传输到计算机上。

图 6-25　Smartsuit Pro

5. 触觉及力学反馈设备

触觉及力学反馈设备能通过作用力、振动等一系列动作为使用者再现触感。这一力学刺激可应用于计算机模拟中的虚拟场景或者虚拟对象的辅助创建和控制,以及加强对于机械和设备的远程操控。

Tactical Haptics 公司研发的一款触觉反馈设备,为 VR 体验创造了触觉体验感。这种反馈设备会模拟手上摩擦力的感觉,让用户觉得真正在 VR 环境中握着某个物体。其实就是通过提供动觉(皮肤操纵和摩擦)让控制器可以欺骗大脑,自动产生触觉,让人们体验到一种不可思议的感觉。

在 VR 系统中如果没有触觉反馈,当用户接触到虚拟世界的某一物体时易使手穿过物体,从而失去真实感。解决这种问题的有效方法是在用户交互设备中增加触觉反馈。触觉反馈主要是居于视觉、气压感、振动触觉、电子触感和神经肌肉模拟等方法来实现的。向皮肤反馈可变点脉冲的电子触感反馈和直接刺激皮层的神经肌肉模拟反馈都不太安全,相对而言,气压式和振动触觉是较为安全的触觉反馈装置。

力觉和触觉实际是两种不同的感知,触觉包括的感知内容更加丰富,如接触感、质感、纹理感及温度感等;力觉感知设备要求能反馈力的大小和方向,与触觉反馈装置相比,力反馈装置相对成熟一些。目前已经有的力反馈装置有力量反馈臂、力量反馈操纵杆、笔式六自由度游戏棒。其主要原理是由计算机通过力反馈系统对用户的手、腕、臂等运动产生阻力,从而使用户感受到作用力的方向和大小。由于人对力觉感知非常敏感,一般精度的装置根本无法满足要求,而研制高精度里反馈装置又昂贵,这是人们面临的难题之一。

图6-26为Tactical Haptics设计的VR手柄,其特点是能够调节握持手感,中间的握持手柄区域具备一个类似气囊的装备,能够尽可能模拟出虚拟物体的触感。

图6-26　Tactical Haptics VR手柄

虽然大多数的VR手柄只是通过马达振动进行回馈,但Tactical Haptics的这款手柄拥有三个金属条,可模拟部分的力和动作,如用棍棒打击敌人、开门等动作,比Oculus Touch和Vive手柄的手感更出色,如图6-27所示。

图6-27　Tactical Haptics触觉反馈系统

6. VR万向跑步机

VR万向跑步机会将人的方位、速率和里程数据全部记录下来并传输到游戏当中,在虚拟世界中做出对现实反应的真实模拟。

由美国Virtuix公司出品的Virtuix Omni VR游戏操控设备,是一款用于将玩家的运动同步反馈到实际游戏中的VR全向跑步机,如图6-28所示。结合可选的 VR 眼镜(Oculus Rift)或微软的 Kinect 配件,玩家能够在现实中360°地控制游戏角色的行走和运动。

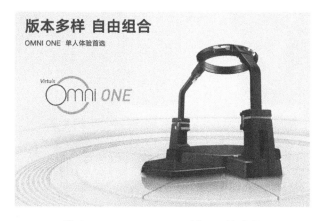

图 6-28　Virtuix Omni 万向 VR 跑步机

KAT 独立研发的 KAT WALK VR 行动平台系列产品,是全球两大专业全向行动平台(omni-directional treadmill, ODT)之一,作为一款无束缚 VR 行动平台,它有效缓解了虚拟现实内容中角色移动无法避免的"三大难点"(模拟晕动症、空间受限、安全隐患),大幅度改善了虚拟现实在实际使用中的体验。

目前推出的跑步机产品有 KAT WALK mini(图 6-29)、KAT WALK(图 6-30)、KAT WALK 豪华版(图 6-31)、KAT WALK 儿童版、KAT WALK 游戏套装(图 6-32)。

图 6-29　KAT WALK mini

图 6–30　KAT WALK　　　　图 6–31　KAT WALK 豪华版

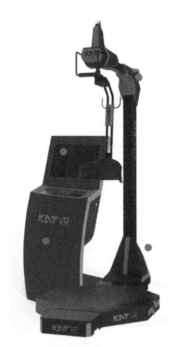

图 6–32　KAT WALK 游戏套装

6.4 典型军事应用介绍

截至目前,AR/VR 公司更多将目光放在企业级应用市场,而这是一个细分领域,应用到每一个领域都需要耗费大量的时间和精力才或许能打造出好的解决方案。无论是国内还是国外,AR/VR 在军事方面的应用都是关注度最高的领域之一。以下简要介绍 AR/VR 军事应用典型案例。

1. 美国陆军 IVAS 项目

研制:微软、美国陆军;

特色:基于微软 HoloLens 2、10 万台超大规模。

这个项目之所以备受关注,因为由科技巨头与美国国防部合作强强联手,目标是打造用于作战和演习的 AR 系统。据了解,IVAS 项目基于微软 HoloLens 2 头显进行完善,媒体报道其视场角约 80°,内置夜视仪、热传感器等军用设备中常见传感器,可用于模拟演习、辅助作战等多种用途。如图 6-33 所示。

图 6-33　IVAS 项目

具体用途方面,IVAS 可以展现敌人位置(夜视),包括大楼内的标记物,在虚拟作战时可以充分感知到敌我双方开枪射击、各类口令、爆炸声、敌人呼喊等,模拟真切。

2. 以色列 VR 可怕模拟演习

研制:微软、以色列陆军;

特色:模拟幽暗情形下士兵作战能力。

以色列陆军使用 VR 技术模拟地下地道场景,这项演习就使用了 VR 技术高度沉浸特征。如图 6-34 所示。

据了解,该演习系统高度还原了地道的场景,画质清晰度高,且场景真切,包

图 6-34　VR 可怕模拟演习

括地下水水滴的声音都有很清晰地呈现,在虚拟场景中士兵需要清理地道内的爆破物,通过训练能提升士兵在幽暗环境下快速判断的能力。

应用场景方面,该系统适用于各类复杂环境、危险环境进行模拟演习。

3. 空客全息战术沙盘作战系统

研制:空客;

特色:全息浮现,辅助决策。

空客国防航天部门也有一套基于 HoloLens 的全息战术沙盘系统。该系统是一个 AR 版战术沙盘,特点是基于空客 Fortion TacticalC2 军事应用,使演习变得更具交互性,也更便捷、直观,同时也可用于辅助决策。如图 6-35 所示。

图 6-35　空客全息战术沙盘作战系统

第 7 章
陆战场环境可视化

陆地是人类生存栖息之地,人类早期战争活动主要是在陆上进行的,人们对陆战场(尤其是地形)的认知起步较早并不断深化。现代战争中,陆地环境复杂对武器装备、人员影响较大,对陆地环境的研究、分析更为重要,采用可视化手段,将陆地环境进行展现,会更加便于军事人员对陆地环境进行研究、分析,从而根据陆地环境情况布设兵力、设定战法,以取得作战的胜利。

本章介绍陆战场环境基本情况,重点介绍陆战场环境可视化的方式及实现使用的技术,并简要介绍典型三维图形引擎 Unity3D 构建陆战场环境的基本流程。

7.1 陆战场环境概念及基本构成

陆战场(land battlefield)是敌对双方在陆上进行作战活动的战场。主要指一定的地域及其相关的空域,有的还包括相关的海域。

陆战场环境是陆上敌对双方作战活动的空间。主要有山地战场环境、丘陵地战场环境、平原战场环境等普通陆战场环境,以及城市、荒漠、水网稻田地、高寒山地、山林地、石林地、草原、热带山岳丛林地、沼泽地等特殊陆战场环境。

陆战场环境主要由地貌和地物构成,地貌和地物通常合称为地形。地形是影响陆战场建设和军事行动的最重要的自然地理因素。地物是指分布在地球表面的那些自然形成或人工建造的固定性物体,如植被、土壤、居民地、道路、江河等。地貌是指地球表面高低起伏的各种自然状态,如山地、丘陵地、平原等。军事上通常以地貌要素的三种起伏形态为基础,按与其他地物要素的结合情况划分为不同的陆战场环境类别,并以对作战行动起主导作用的要素名称或特征命名,如山地、丘陵、平原、水网、城市居民地、山林、石林、黄土丘陵、海岸与岛屿、沙漠戈壁、草原与沼泽,以及高原地形等。通常认为陆战场环境还包括相关的人文环境、经济环境、交通环境等非自然环境,相关气象水文环境和电磁网络环境等。本章主要介绍陆战场地貌、地物等自然环境的可视化。

(1)地貌。地貌描述地势的起伏(描述信息包括高程、高差、制高点和隘口的位置)、山脊走向、倾斜面的坡度、地势的升降方向等特征。

(2)土质。土质的属性信息包括土质的类型、承重能力等。

(3)居民地。居民地的属性信息包括规模大小、位置、相互距离和分布状况。

(4)道路。道路的属性信息包括数量、类型、质量、分布、通行能力和交通枢纽的位置等。

(5)水系。水系的属性信息包括分布、大小、流向、流速和水深。

(6)植被。植被的属性信息包括种类、高度、密度、面积、农作物的特点。

7.2 陆战场环境可视化方式

陆战场环境可视化的方式主要有三种,即二维可视化、大场景三维可视化、高精度细分辨率三维可视化,如图7-1所示。

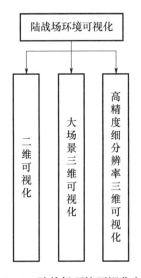

图7-1 陆战场环境可视化方式

7.2.1 二维可视化

二维可视化主要是使用地理信息系统,对矢量地图数据、高程数据及影像数据等地理数据进行处理,采用二维平面形式进行可视化展现。

首先对矢量地图数据展现。对矢量地图数据处理后，主要以二维电子地图的形式进行展现，具体陆环境要素，使用不同的地图要素符号进行呈现。比如，地势起伏使用等高线及高程点进行可视化展现；居民地使用地图居民地符号进行展现；道路使用道路线状符号进行可视化展现；水系使用线状符号或者面状符号进行可视化展现；植被使用面状符号进行展现。

图 7-2 为二维电子地图的展现效果。

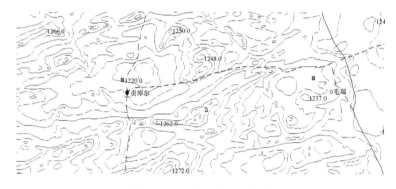

图 7-2　二维电子地图展现

其次对 DEM 高程的处理进行展现。对 DEM 高程处理后，不同高度采用不同颜色进行展现，表示不同区域的地势起伏情况，同时可将地图符号进行叠加显示。图 7-3 为展现效果。

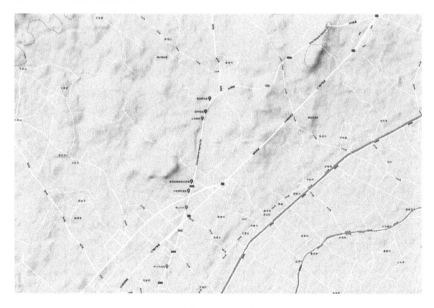

图 7-3　晕染图

对影像图的处理主要是平面展现,也可将地图符号进行叠加显示。图7-4为展现效果。

图7-4 影像图展现

7.2.2 大场景三维可视化展现

大场景陆战场环境可视化展现主要是使用三维地理信息系统(3DGIS)技术,对DEM高程数据、影像数据及三维模型进行处理,采用数字地球模式进行展现。

图7-5和图7-6为展现效果。

图7-5 展现效果1

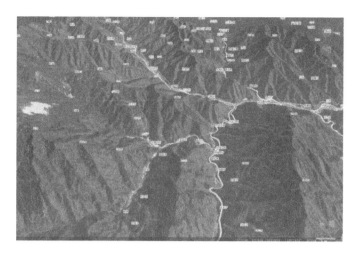

图 7-6　展现效果 2

大场景陆战场环境可视化展现的特点是展现幅员大、展现流畅,可了解整体战场情况,并可以在展现的陆环境上进行相关量算,实时得出相关量算结果,采用三维立体形式展现,更加符合人的观察习惯。

7.2.3　小场景高精度三维可视化展现

小场景高精度陆战场环境可视化展现主要是使用第 5 章介绍的三维图形引擎技术进行构建,即使用三维图形引擎对相关地理数据,包括 DEM 数据、影像数据、三维模型数据等进行处理,采用三维可视化形式呈现陆战场环境。

图 7-7～图 7-9 是小场景高精度陆战场环境可视化的展现效果。

图 7-7　展现效果 1

图 7-8　展现效果 2

图 7-9　展现效果 3

通过上面展现效果可以看出,使用三维图形引擎来进行陆战场环境展现,效果更加美观、逼真,与现地更贴近。

下面重点介绍如何使用 Unity3D 三维图形引擎工具进行陆战场环境的制作。

7.3　Unity3D 陆战场环境构建

本节围绕使用 Unity3D 对陆战场环境构建进行介绍。

陆战场环境构建主要是构建展现陆战场的基本要素,包括道路、河流、植被、高程等。根据 Unity3D 开发平台的特点,基于 Unity3D 的虚拟陆战场地形生成过程,经研究分析,比较优化的生成方法可简化为 9 个步骤。按照先后顺序分别是地形素材准备、基本战场地貌生成及修理、地表纹理贴图、河流水系设置、道路交通设置、灌木杂草叠加、地表植被叠加、建筑物叠加和地形细节设置等步骤。基于 Unity3D 的虚拟陆战场地形构建,通常是从高度图或 Terrain 工具生成开始的,依次经过地形润色、地形要素编辑、地形细节设置,最终生成较真实的三维地形环境。其构建流程如图 7-10 所示。

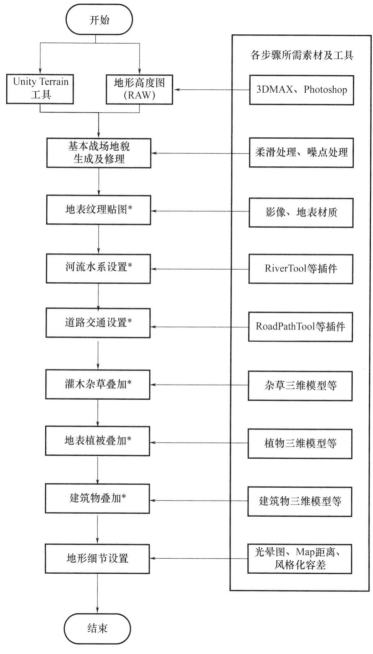

图 7-10 构建流程

上述步骤中的优化包含两个方面：一是对陆环境生成先后顺序的优化；二是对各步骤所需要素材及辅助工具的优化。

顺序优化表现在图7-10左侧部分中那些带"＊"号的地形生成步骤。从本质上讲，都是陆环境生成的必要环节，没有先后顺序之分。但考虑到陆环境建模的方便性和Unity3D场景的特点，通常按照"从下到上、从小到大、从疏到密、从点到面"的原则进行。

地表纹理处于地形最底层，制作的优先度高，其次是河流水系、道路交通等，从高度上讲，它们往往处于地表之下或紧贴在地表上，制作的优先度应该是灌木和植被之上。如果先添加了许多树木，那么设置道路或河流时，从视觉上就会受到影响，不便于精细化操作。

辅助工具优化表现在图7-10右侧大方框中的内容。该内容是结合Unity3D平台的开发特点，对各步骤实现的辅助工具和支持方法的描述。辅助工具优化中，即有Unity3D内部制作的优化方法，如Terrain地形工具的柔滑处理、光晕图的细节设置等，也有外部的插件或文件的引用，如道路工具、河流工具等。

下面介绍构建时的几个关键技术点。

1. 基本地形貌生成方法

Unity3D的地形起伏（地貌）制作分为两种类型：一是利用Terrain工具，在SceneView中使用height tools直接绘制地形高程；二是利用外部工具制作的高度图（heightmaps），然后利用Unity3D的Import Heightmap Raw导入高度图的方式生成具有地貌的地形。第一种方法采用手工直接绘制地形，适合小面积、比较简单的地形制作，地形可以随心所欲地制作，但对制作人员技巧要求较高，且耗费时间。第二种方法，利用与实现高程基本一致的高度图间接生成地形，适合大面积、较复杂的地形制作，地形的真实性较好，但对高度图的质量要求较高。对于大型项目来说，建议采用第二种方法。

2. 地表纹理设置

为了增加真实性和美观度，对虚拟战场的地表纹理进行两方面处理。一是在地表添加精度较高的卫星照片贴图，使起伏的地貌上展现地形原貌，达到总体视觉逼真的效果；二是针对局部地表特性，在地表添加细节不同类型的地表贴图，达到局部视觉逼真的效果。

比如，图7-11~图7-13展示的各类地表纹理，如杂草、泥土、碎石等。

第7章 陆战场环境可视化

图7-11 地表纹理1

图7-12 地表纹理2

图7-13 地表纹理3

3. 道路交通设置

道路交通具有弯曲多变、形状不定的特性,其构建方式有:通过地表贴图的方式设置道路,该方式适用于构建不规则的碎石路、乡间土路等;通过专业的插件制作道路,如 EasyRoad3D 和 RoadPathTool 等 Unity 插件工具,能保证距离较长的道路较好地紧贴在地面,该方式适用于构建高等级的公路、铁路等。

具体展现效果如图 7 - 14 和图 7 - 15 所示。

图 7 - 14 街道

图 7 - 15 桥梁

4. 植物种植设置

一般情况下,陆地环境表面会被大量的树木和灌木等植物所覆盖,因此,也必须在植物的表现形式上力求准确和真实。植物种植准确,是指植物的种类、植物覆盖的范围、植物疏密的程度、植物生长的高度等基本属性,应该与实际地形相一致。对于大范围的地理环境,可以通过卫星照片等其他资料作为参考,利用 Unity3D 自带的种植树工具即可完成。植物种植的真实,是指植物的特性表现应该与当前的季节、战场氛围等相衬托,如夏天时有大片的树荫、秋天的叶子部分泛黄、北方冬天时树上通常会有冰雪等。可以通过引入较专业的树木、灌木模型来达到特殊的效果,如图 7-16 所示。

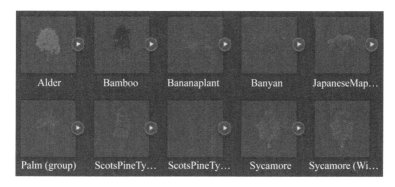

图 7-16 植物模型

5. 地质细节设置

陆地环境中的草地、岩石面、河道等特殊地质的细节,可通过给地形添加纹理的贴图方法来实现。可以使用 Unity3D 自带的地形编辑工具,从文件中添加材质,设置材质的长度和宽度,设置笔刷的大小、强度和融合度,之后在需要种植植被(如各种草地)的区域进行绘制。

以上主要从陆战场要素出发,介绍了基于 Unity3D 三维图形引擎的陆战场环境构建方法,并根据项目开发实践经验,梳理了生成顺序及各步骤素材和工具的优化方法。陆战场环境的构建只有以上要素还是远远不够的,例如,还需要增加气象天候环境和人工战场设施环境。气象天候环境包括雾、雨、雷、电、风、雪等要素设置,可通过 UniStorm、UniSky 等专业的气象插件来实现,除此之外,人工战场设施环境包括工事、指挥所、碉堡等人为构置战场目标,可通过导入 FBX 格式三维模型叠加到地表上进行实现。

第 8 章
海洋、气象、电磁、网络、人文环境可视化

海洋、气象、电磁、网络、人文环境对军事行动的影响也比较大。相比陆环境而言,海洋、气象、电磁、网络、人文环境能够可视化的要素更加抽象,可视化的难度更加大,如海洋的海浪、气象中的降雨、电磁环境中雷达的探测范围、网络的联通状况、人文环境中人口的分布等。上述内容如何能够更加精确地可视化呈现,涉及要素描述信息及可视化技术,并从影响的重要程度而言,需要把握重点、关注要点,即海洋、气象、电磁、网络、人文环境要素众多,对军事行动影响程度也不同,从军事行动的需求出发,将影响的重点要素、关键要素进行呈现,满足军事人员分析和研究海洋、气象、电磁、网络、人文环境对军事行动的影响需求即可。

本章介绍海洋、气象、电磁、网络、人文环境要素情况,尤其是对军事行动影响较大的要素情况,并结合可视化技术,介绍海洋、气象、电磁、网络、人文环境关键要素的可视化方法,以供读者参考。

8.1 海洋可视化

8.1.1 要素构成

海洋是各国海上军事力量活动的舞台,"海上实力",实际上就是通过海上军事力量谋求海洋权益的力量。进入 20 世纪 90 年代后,海洋的战略价值更加突出,海洋权益的斗争趋于激烈,未来海洋的战略通道位置军事意义越发重要,未来可能爆发地区冲突和局部战争的地区很可能以海洋为主要战场。因此,海战场环境将不仅是古代、近代及现代战争的主要舞台,也将是未来战争的重要场所。而在和平时期,海上舰队和武装也是支持国家外交政策和执行战略任务的重要威慑力量。

随着海洋在政治、经济、军事领域的战略意义日渐凸显,人们对海洋的探索和研究呈现蓬勃发展之势。谁能够掌握海洋的客观规律,充分利用海洋资源,谁就占据了发展的先机。海洋环境数据分析是海洋探索的重要手段,为海洋环境数据建立符合海洋特点的高效数据模型,是充分了解、利用海洋信息的前提。同时,对海洋

环境数据的可视化,使抽象数据直观具体,将有利于人们掌握海洋的本质和内涵。

构成海洋环境的要素很多,研究海洋环境的方法和侧重点也有许多不同。但总体上可划分为自然要素和人为要素两个大类。

1. 自然要素

海洋环境的自然要素,是指海洋环境的地理形势、水文、气象等各种非人为的客观自然现象而共同构成的战场环境形态。这种海洋环境形态的总体结构,通常在相当长的时间内,不会被人类的主观意志与生产、生活等社会行为活动所改变。人们只能设法利用其有利方面,克服其不利影响,或通过长期不懈的努力而加以局部改造。

(1)地理形势主要是指由陆地、岛屿与海洋之间的相互位置关系所共同形成的地理态势,通常包括:海洋环境周边陆地与岛屿的分布,海岸与海滩的地形地貌,海区的面积、形状与开放程度,海洋水深、底质与海底地形地貌、海峡、通道及港湾的分布等。实际上就是指战场环境中除了海水和大气以外的固体地壳的形状,是海洋战场环境中有形的、直观的外在表象特征。

(2)水文要素主要是指海水的运动和海水的内在物理特性及其变化。海水的运动方式,主要有海流、潮汐和海浪三种,是由于外部因素作用于海洋水体的结果。其特点是:具有较大的流动性,且随纬度、海区、季节、时间的不同而不断变化,这种变化虽有一定规律,但至今还没有被人类完全认识;外部因素尤其是气象要素的突变,能够引起海水运动的剧烈变化;人类目前还不能长时间、大范围地改变海水的运动方式及变化规律。海水内在物理要素,主要包括海水的温度、密度、盐度、水色与透明度等方面的分布状况及其变化。造成海水各物理要素分布的不均匀性和引起变化的主要原因是海水所受到的太阳辐射的不均匀性。

(3)气象要素是指海洋上空的气压、气流、温度、湿度等大气物理特性,以及由这些大气物理特性的变化而形成的云、雾、降水、能见度、风等天气现象。造成气象要素变化的根本原因是季节的变化和大气受太阳辐射的不均匀性。其特点是:变化急剧,虽在长时间、大范围内有一定规律可循,但在短时间,或者小范围内,随时可能突变;恶劣气象条件形成的寒潮、狂风、暴雨、雷电等灾害性天气的危害性大、作用范围广,具有极大的破坏作用;人类目前只能对灾害性海洋天气现象作出一定程度的预报和采取一定的预防措施,而不能阻止其形成和变化。

2. 人为要素

海战场的人为要素是指海洋战场及其附近区域,由于人类的生产、生活及社会活动状况而构成的环境形态和对自然环境的改变。由于海上作战往往超越一国的海疆和空疆,波及公海海域,使得海战场的人为要素,包含了交战国濒海地域的人为要素和公海国际性的人为要素两个部分。

(1)濒海地域的人为要素,主要是指该地域的社会人文环境、经济条件、交通运输和通信设施等。人文环境主要包括人口构成、政治组织、民族状况、宗教信仰和社会文明程度等。经济条件主要包括可供作战利用的自然资源、工农业生产能力和各种战争物资的储备等。交通运输主要包括各种交通运输工具、线路、相关设施,以及由此而构成的交通运输网的运输能力。通信设施主要包括各种通信枢纽、台站和通信设施的数量、质量和布局。其主要特点是组织强度大,只有通过一系列的动员、征用和组织协调工作,才能转化为支持战争、服务战争的能力。

（2）公海的人为要素,主要是指战场周边国家的政治态度、军事力量部署、该海域的地理形势,以及相关的国际法规、条约等。周边国家的政治态度主要包括社会制度、政治主张、结盟状况、对外政策倾向等。周边国家的军事力量部署主要包括武装力量结构、装备技术水平、海军基地、机场及其相关设施的分布、兵员素质、兵力配置等。周边地理形势主要包括该海域的海洋资源的数量与分布、经济价值、海上交通线的分布状况、战略地位等。相关国际法规、条约主要包括国际海洋法公约、国际海战法规,以及相关的国际惯例等。其主要特点是政治性、政策性强,往往需要通过高层决策、外交斗争等途径,才能加以协调和解决。

8.1.2 可视化

海洋环境的可视化可采用二维及三维形式进行展现。

二维展现主要采用地理信息系统技术进行构建实现,即二维地理信息系统软件对相关海图数据进行处理,采用二维电子地图的形式进行展现,可展现的内容包括海岸性质、海底地貌、水深、底质、锚位、港湾设施等要素。

三维展现可采用两种技术实现,分别为三维地理信息系统技术(3DGIS)及三维图形引擎技术,区别在于三维地理信息系统中展现的海洋环境较为宏观,精细度较低,展现信息有限,三维图形引擎技术展现的海洋环境较为逼真,精细度较高,可将海洋环境的细节要素进行展现。具体展现示例如图8-1~图8-4所示。

图8-1 基于三维地理信息系统的海洋展现1

第8章 海洋、气象、电磁、网络、人文环境可视化

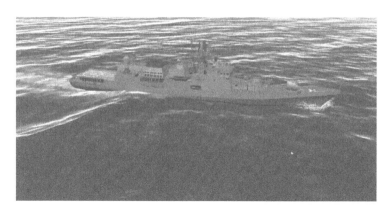

图8-2 基于三维地理信息系统的海洋展现2

图8-3 基于三维图形引擎的海洋展现1

图8-4 基于三维图形引擎的海洋展现2

· 123 ·

8.2 气象可视化

8.2.1 要素构成

气象要素和自然地理要素一样,是最普遍、最广泛的自然要素。关于气象在战争中的重要作用,早在中国春秋时期的《孙子兵法》中就有论述:"兵者,国之大事,死生之地,存亡之道,不可不察也。故经之以五事,较之以计而索其情:一曰道,二曰天,三曰地,四曰将,五曰法。天者,阴阳、寒暑、时制也。"这里的"阴阳"是指昼夜、晴雨等天时气象变化;"寒暑"指气温高低;"时制"则是四季时气的更替。孙子明确提出了将帅必须懂天时气象的观点。在现代战争中,气象要素对军事行动和战争进程的影响和制约作用更加突出。准确掌握和正确运用气象条件,充分估计其对部队人员战斗力和武器装备效能以及遂行作战任务的影响程度,是实施正确的作战指挥、夺取作战胜利的重要因素之一。

气象是表示大气状态的物理量(如气温、湿度、风力等)和表示大气状态的物理现象(如风、雨、云、雾等)的总称。构成和反映大气状态及大气现象的基本因素,称为气象要素,主要有气温、气压、湿度、风、云、能见度和天气现象等。

1. 气温

大气温度简称为气温,是表示大气冷热程度的物理量。气温常用单位是摄氏温度 $t(℃)$、华氏温度 $f(℉)$、热力学温度 $T(K)$。

气温常用平均气温、最高气温、最低气温、极端气温表示。在战场气象环境研究中,我们主要关注气温的日变化、气温的水平分布和气温的年变化,这对了解和掌握作战当地气温总的变化趋势,制订部队的训练、作战计划有着重要意义。

2. 气压

气压是大气压强的简称,是指水平方向单位面积上所承受的垂直大气柱的重量。气压的大小常用毫米水银柱(mm Hg)或百帕(hPa)表示。空气比较稠密,气压就高;空气比较稀薄,气压就低。

在战场气象环境研究中,我们主要关注气压的日变化和年变化,以及气压的水平分布和高度变化。

3. 空气湿度

表示空气中水汽含量或潮湿程度的物理量,称为空气湿度(简称湿度)。湿度的大小,常用水汽压、绝对湿度、相对湿度和露点温度等表示。空气湿度对武器装备,特别是先进的电子设备,能否发挥正常性能有很大影响。

4. 风

空气相对地表面的水平流动称为风,是用风向和风速(或风级)表示的矢量。气象上所用的风向是风的来向,如风自南向北吹,称为南风。风速是指单位时间内空气质点在水平方向上移动的距离,通常用米/时(m/h)、千米/时(km/h)、海里/时(n mile/h)表示。用风级来表示时,称为风力。

在战场气象环境研究中,我们主要注重风的日变化及地方性风。地方性风是由地形或海陆分布不同所造成的局部地区的风,它的强度一般不大,只有在范围差异很大时,才会明显地表现出来。地方性风主要有海陆风、山谷风、焚风和峡谷风。

5. 云

云是大气中的水汽凝结(凝华)成为水滴、过冷水滴、冰晶或它们混合组成的可见悬浮体。云的生成、外形特征、量的多少、分布及其演变,反映了当时大气的运动、稳定程度和水汽状况等,是预示未来的天气变化的重要征兆。正确观测分析云的变化,是分析认识大气物理状况,掌握天气变化规律的一个重要环节。

6. 能见度

能见度是指视力正常的人在当时的天气条件下,能从天空背景中看清和辨认出目标物的最大距离,以米或千米表示。能见度与大气透明度和目标物同背景的亮度有关。昼间利用固定目标测定能见度,夜间利用灯光测定能见度。

海上能见度是指海上可观测到目标的最大水平距离或水天线的清晰程度。海上能见度通常划分为高、中、低三个等级。

空中能见度是指在空中观测目标时的能见距离。按其观测的方向不同,空中能见度可分为空中水平能见度、空中垂直能见度和空中倾斜能见度三种。在地面观测垂直能见度时,通常根据天顶方向的空气混浊程度和天空颜色等特征来估计,分好、中、差、劣四个等级。

7. 天气现象

天气现象是发生在大气中的降水现象、地面凝结(凝华)和冻结现象、视程障碍现象、大气光象、大气电象和大气的其他物理现象的总称。

降水现象有雨、雪、霰、米雪、冰粒、冰雹等。地面凝结(凝华)和冻结现象有露、霜、雾凇、雨凇等。视程障碍现象有雾、轻雾、沙(尘)暴、扬沙、浮尘、烟、霾、吹雪等。大气光象有虹、霓、晕、华等。大气电象有雷暴、天电、极光等。此外还有大风、龙卷风、尘暴、积雪和结冰等现象。

8.2.2 可视化

气象环境的可视化,可采用二维及三维形式进行展现。

二维展现主要采用地理信息系统技术进行构建实现,在二维电子地图上叠加相关图形符号展现气象情况。

三维展现可采用两种技术实现,分别为三维地理信息系统技术及三维图形引擎技术,区别在于三维地理信息系统中展现的气象环境较为宏观,精细度较低,三维图形引擎技术展现的气象环境较为逼真,精细度较高,三维中气象环境的展现多采用粒子系统进行构建展现。展现效果如图 8-5~图 8-8 所示。

图 8-5 基于三维地理信息系统的气象展现 1

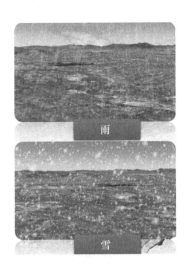

图 8-6 基于三维地理信息系统的气象展现 2

图 8-7　基于三维图形引擎的气象展现 1

图 8-8　基于三维图形引擎的气象展现 2

8.3　电磁环境可视化

8.3.1　要素构成

战场电磁环境是一定的战场空间中对作战有影响的电磁活动、现象,及其相关条件的总和。战场电磁环境主要是在特定的作战时间和空间内,为了完成特定作战任务,在自然电磁辐射影响基础上,由各种电子设备产生的电磁辐射和信号密度的总体状态,具体组成如图 8-9 所示。

战场电磁环境具有主观性、动态性、随机性和复杂性等特点,复杂性是其最本质的特性描述。电磁环境的复杂性主要表现在以下几个方面:

(1)战场电磁辐射密集、功率强大、电磁环境污染严重;

(2)电子设备型号繁杂、频率重叠、自扰互扰问题突出;
(3)战场电磁环境动态变化、统管难度很大;
(4)敌对双方电子对抗激烈、电磁环境复杂性加剧。

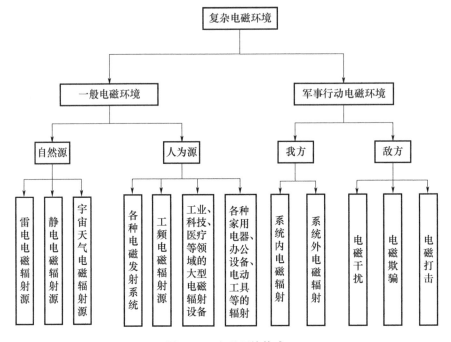

图8-9 电磁环境构成

与其他有形的战场环境一样,看似无形的战场电磁环境也是客观实在地存在着,具体可从空域、时域、频域、能域等四个方面来描述电磁环境的本质特征,并可对这些特征以科学直观的方式进行可视化展现,将更加便于使用人员迅速理解、把握战场电磁环境,从而做出科学的判断和决策。

1. 电磁环境空域描述

空域主要描述各种辐射产生的电磁场在空间的分布,包括场强和能量的分布。其中,最基本的有辐射源分布、辐射源参数、辐射源种类、发射功率、工作频率(频段)、天线辐射特性、辐射传播条件等。

2. 电磁环境时域描述

时域主要描述电磁信号个体和群体随时间和作战进程变化的规律。

3. 电磁环境频域描述

频域的直观表达方式是电磁频谱图。频谱图可以是单信号的,也可以是多信号的,可以是全频段的,也可以是局部频段的,在众多的频率中分清敌我,分清有用信号和无用信号、重点信号和一般信号等,具有很重要的意义。

4. 电磁环境能量描述

电磁环境能量描述各种电磁信号能量随空间、时间、频率变化的规律。

8.3.2 可视化

电磁环境可视化可采用二维及三维形式进行展现,二维展现主要基于二维地理信息系统技术,采用二维符号叠加二维电子地图的形式进行展现,相关信息也可结合图表的形式进行展现,三维展现主要是基于三维地理信息系统技术,采用三维模型或标号叠加三维地形的形式进行展现,相关信息采用图表的形式展现。

1. 二维展现

二维展现主要是采用二维标号叠加二维电子地图的形式来展现相关电磁环境信息,包括空域、时域、频域及能量的显示。具体展现示例如图 8 – 10 和图 8 – 11 所示。

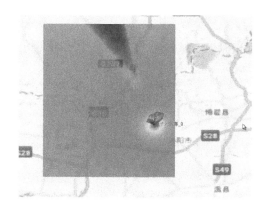

图 8 – 10　空域及能量二维展现

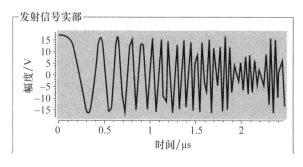

图 8 – 11　频域展现

以上展现的电磁环境相关信息,如雷达电磁覆盖区域,是通过相关数学模型的构建计算出相关覆盖区域,可视化展现是对计算结果进行的可视化呈现。

2. 三维展现

三维展现主要是采用三维模型、符号叠加三维地形的形式来展现相关电磁环境信息，包括空域、时域、频域及能量的显示。具体展现示例如图 8 – 12 所示。

图 8 – 12　三维展现效果

以上展现的电磁环境相关信息，是通过相关数学模型的构建计算出相关结果，可视化展现是对计算结果进行的可视化呈现。

8.4　网络环境可视化

8.4.1　要素构成

网络环境深刻影响和改变着作战方式。在信息化战场上，越来越多的战场信息获取、传输、处理和利用都将依赖于信息网络，通过信息网络的互联、互通、互操作，促使信息、能量、物质三者的有机结合，极大地增强整体作战效能。同时，着眼于争夺网络控制权，敌对双方利用战场信息网络展开的信息侦察与反侦察、信息干扰与反干扰、信息攻击与信息防御等一系列对抗行动将异常紧张激烈，有时会达到"白热化"的程度。从科索沃战争、阿富汗战争、伊拉克战争、利比亚战争的实践可以看到，战争双方都注重利用信息网络实施信息作战，信息网络斗争成为战争的重要内容。

从对网络环境的特点来看，其实称它为一个空间更为合适，但它不是一个实体性的空间，它不能用任何实体性的指标和时空连续性来衡量。它是一个缩略语，用来指由协作性的计算机网络、信息系统和电信基础设施的相互影响所创建的环境。信息是网络空间里有价值的商品，但没什么东西在网络空间里实际存在。当说起某个东西在网络空间里时，它实际是在计算机里或信息系统里，或通过电信基础设施进行传输。

虽然网络环境并不是一个实体性的空间,但也要依托于一定的软件和硬件,并不是凭空出现的,在网络环境中实施的攻击和防御也要依托软件和硬件进行。因此,网络环境是由一系列有机联系的部分组成的,包括:

(1)设施。如多媒体计算机、交换机、路由器等,是构成网络的硬件基础。

(2)资源。为使用者提供的经过数字化处理的多样化、可共享的材料和对象,如各类文件、网上的电子书、视屏等。

(3)平台。向使用者展现的界面,实现网上活动的软件系统,如各类浏览器、播放器等。

(4)通信。这是实现远程协商讨论的保障。

(5)工具。使用者进行知识构建、解决问题的各类辅助手段。

对于网络环境而言,这些组成部分都是必不可少的,在日常使用的网络环境中,无论是用于工作还是用于休闲,这些都可以找到对应的表现形式。

网络环境完全超越了传统地理环境的概念,也不同于电磁、心理等其他信息环境,它具有以下特性:

(1)从抽象意义上讲,它是由点(中心控制单元、节点)和线(有线及无线媒介)组成。

(2)范围有限,指网络的数字链路具有总长度。

(3)具有层次结构,指网络体系具有分层特征,存在许许多多的"王国"和"壁垒"。

(4)具有拓扑结构,指点与点之间的连接方式复杂多样,网络图形在任意变形时连通性质不变。

(5)具有容量"带宽"的电子信息环境。虽不能容纳武装人员和武器装备,但能存储和传输经过电子化和数字化的信息流。

(6)具有空间距离却没有时间距离,即两点之间的信息传输是实时的。

(7)网络分布会越来越广(超越地域、国界的限制),节点和连接数目也会越来越多。

(8)网络数据交换容量呈指数增长。

由此可见,网络环境本身是蕴藏和流动着丰富信息资源和智慧资源的海量信息环境,同时网络本身所具有的应用广泛性、互联开放性、互动瞬时性、空间虚拟性的特征,使得不同地域、不同种族、不同国籍的人们在这个环境中,可以突破地理、国界限制,交流与学习,生活与生存。从这个意义上来说网络环境又是一个无边界、无政府、无规约的朦胧世界。然而,从使用者的角度来看,其网上行为则带有一定属性,其国籍、民族、所属利益集团等,都烙有特定的社会生活印记。加之网络系统自身固有的脆弱性,使网络环境同样面临严峻的安全威胁。

8.4.2 可视化

网络环境可视化可采用二维及三维形式进行展现,二维展现主要基于二维地理信息系统技术,采用二维符号叠加二维电子地图的形式进行展现,相关信息也可结合图表的形式进行展现,三维展现主要是基于三维地理信息系统技术,采用三维模型或标号叠加三维地形的形式进行展现,相关信息采用图表的形式展现。具体示例如图 8-13 所示。

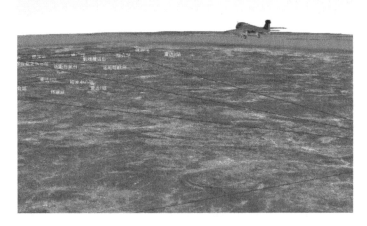

图 8-13　网络环境三维展现

8.5　人文环境可视化

8.5.1　要素构成

人文环境也称人文地理环境,是人类在自然地理环境的基础上,通过政治、经济、社会文化和军事等活动形成的人文事物与人文现象的统称。人文环境是战场环境的重要组成部分。

人文环境可分为政治环境、经济环境、社会文化环境。政治环境主要由人类社会的政治活动与政治现象的空间结构和分布状况所构成。在国际层面,包括世界政治地理格局、国际政治关系与政治现象、国家集团与国际组织等政治地理区域。在国家及以下层面,包括领土、疆界、首都、行政区划、政党和社会团体、社会制度、内外政策等,是分析国际战略形势及其发展趋势,界定国家间敌友关系、预测国际间合作与冲突的重要因素。经济环境是指自然资源的分布状况和人类经济活动所形成的生产力地域体系,包括自然资源、经济结构、工业、农业、交通运输等要素,是国家综合国力的重要组成部分,是进行战争的重要物质基础。社会文化环境是指人类活动所形成的社会物质条件和精神条件所组成的地域组合,包括人口、民族、宗教、聚落、文化等因素的空间分布和结构特征,是影响民族凝聚力、制约政治、军事活动的重要因素。

人文环境各组成部分在地域上和结构上互相重叠、相互联系,从而构成人文环境的综合体。它与自然地理环境共同构成人类赖以生存和发展的地理环境,是进行战争准备与实施战争的地理依据之一,也是研究战场环境所必须关注的重点问题。

8.5.2 可视化

人文环境可视化可采用二维及三维形式进行展现,二维展现主要基于二维地理信息系统技术,采用二维符号叠加二维电子地图的形式进行展现,相关信息也可结合图表的形式进行展现,三维展现主要是基于三维地理信息系统技术,采用三维模型或标号叠加三维地形的形式进行展现,相关信息采用图表的形式展现。

1. 二维展现

二维展现主要是采用二维标号叠加二维电子地图的形式来展现相关人文环境信息。

具体展现示例如图 8-14 所示。

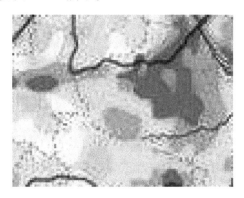

图 8-14 二维人文环境展现效果(通过颜色展现人口密度)

2. 三维展现

三维展现主要是采用三维模型、符号叠加三维地形的形式来展现相关人文环境信息。

第 9 章
红外、微光夜视可视化

红外技术和微光技术早已在军事上的侦察、通信、预警、武器制导等方面发挥了重要的作用,并与激光技术、雷达技术一起,在夜间射击、驾驶、火控等领域,组成了较为全面的系统。战场红外与微光可视化,主要用于战场目标的夜视仿真,模拟目标的红外特性和微光条件下的电磁反射特性,用于对虚拟设备中观测到的目标特性图像进行模拟和显示,满足图像匹配和人为视觉感受的需求。

9.1 红外技术概述

电磁辐射是自然界常见的自然现象,人类也利用电磁辐射的特性人为制造特定波长的电磁辐射,用于服务于人类生活和军事行动。常见的可见光就是一种电磁辐射,另外,激光、微波、红外线、紫外线、γ射线等也都是电磁辐射。人类研究表明,某些物体中的带电粒子的运动过程中,速度变化要么会产生电磁辐射并向外传播,要么会吸收外界的电磁辐射,由于这些粒子运动的速度变化是不间断的,所以其辐射或吸收的电磁辐射也是实时的和不间断的。

我们都有一个常识,在温度高的物体旁边,会感觉到较为暖和,距离烧得发红的物体过近甚至会被烫伤,其中原因就是温度较高的物体能够发出某种电磁辐射。这种辐射并不能被肉眼看到,其发现过程也是一个偶然事件。英国的天文学家威廉·赫谢尔在1800年做一个光学实验时,将一个水银温度计放在了阳光通过棱镜产生的光谱下中红光外的区域,发现这个位置竟然是温度辐射最强的区域。这个区域折射出来的光线就是红外线,这个时间也是红外线最早被发现的时间。其实,在满足一定的条件时,物体都能发射红外线,但这种辐射往往只能通过一些仪器才能被察觉,所以,研究物体在某些条件下的红外辐射特性,就成为当人眼不能直接观测到某物体,或观测出现某些障碍时,认知其特征的重要手段。战场上的各种人员和武器装备,都在时时刻刻向外辐射红外线。这种特性的利用,在军事上成为十分具有利用价值的一项技术。现代战场上,没有了这项技术的支持,战场环境的认知和武器装备的运用方法将无法开展。

人类在观察观测暴露在环境中的物体时,发现其显示出独特的红外特征,这种特征与多种因素息息相关,不但与观测目标自身的红外特征相关,也受周边环境的影响。另外,周边环境的温度,大气成分和传播条件也是影响因素之一。观测仪器的性能和灵敏度也会对收集到的红外信息有着巨大影响。要了解这些影响因素,首先要从红外线的波长说起。

电磁辐射具有波动性,所以,不同的电磁辐射,拥有特定的频率与波长,本质上是一种辐射的电磁波,这些电磁辐射同可见光一样,具有反射折射、干涉衍射等特性。同时,电磁辐射也具有粒子性,会向外辐射或吸收某种粒子,这种粒子就是光粒子。

如果将电磁波按照波长的长度进行排序,而后将其绘制到一个数轴上,就形成了一种电磁图谱,如图9-1所示。

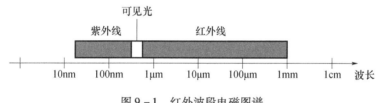

图9-1 红外波段电磁图谱

由于电磁波频率不易测得,测量的误差也较大,所以,常用波长来区分描述电磁波。从图谱中我们可以理解到,红外辐射的波长大于 $0.75\mu m$、小于 $1000\mu m$,这个范围比可见光波段的光谱区要大得多。但是由于人眼不能直接观察到这个波段的红外线,所以必须用能够接收到红外波段电磁信息的传感器对其进行信息采集、处理和成像。由于红外辐射具有很强的热效应,且在物体间的传播和吸收十分频繁便捷,不同形状和材质对其吸收的程度均不相同,因而表现出各不相同的红外特征。利用这种特征,可以反映出很多被观测物体的特点,结合不同需求,就可以开发出不同的软硬件系统和实用的装备器材,供相关单位和人员使用。基于红外技术中的红外辐射的观测、探测、信息处理和成像,军事上的侦察、通信、预警、武器制导等,均是利用红外技术为基础而发展出来的。

红外夜视技术是军事上应用广泛的技术,也是战场红外可视化技术的范畴内重要的一类。战场上广泛使用的就是夜视仪,最早出现在第二次世界大战的德军"豹"式坦克上。由于红外技术的制约,当时的夜视仪采用主动式原理,需要消耗大量的能量用于发射红外辐射,靠接收目标反射的红外辐射成像。虽然现在看来缺点突出,但在当时由于解决了夜战的问题,是先进的设备。现在的军用战斗车辆、各类飞机上,广泛装备了红外夜视设备,是指挥员和战斗员夜间的"火眼金睛",也是揭露对方伪装、精确打击目标的"法宝"。

红外技术的范畴相当广泛,红外探测、检测及其辐射的测量、信息的处理与融合、红外目标的仿真、红外信息的成像技术、红外图像的优化处理,及其相关的应用技术,都属于红外技术的范畴。

9.2 战场红外可视化

红外可视化,顾名思义,就是将人类肉眼不可见的红外波段的电磁波,采用一定的方式转换为人类肉眼可见的可见光的过程。这种转换通过收集红外辐射,对辐射量进行测量,将其转化为可传输和处理的电信号,再通过对电信号的处理,将其转化为显示信号在显示设备中以图像的形式显示出来。所以不难发现,这种转换保留了原始目标的红外特性,这种可视化的转换可以使人员直观地发现目标红外特性表现出来的各种现象,总结其特征,依据一定的规律对其进行分析和判断,从而得出有效的结论。红外可视化将人类的目视能力从可见光扩展到不可见的红外波段。

另外,在战场可视化的范畴中,也包含对未知的战场目标的红外特性的预先判断,从而便于对目标的判断判读和制导武器的寻的。同时包含对虚拟战场环境的仿真,便于模拟训练的开展,所以,对虚拟目标的红外特征进行仿真,并采用一定的方法对其进行可视化的展现,也属于战场红外可视化的研究范畴。

前面我们了解到,物体向外不辐射红外线,与其表面温度有关,除此之外,红外辐射的强度也和物体自身材质、发射率等属性相关,因而表现出不同的红外辐射特征。收集物体红外辐射强度和辐射分布特征,常常使用红外探测器材。将反映某一物体各部红外辐射强度、红外分布特征的热辐射按照一定规则绘制成图像,即热图像。热像图的亮度反映了物体表面的红外辐射强度,温度的高低与红外辐射强度成正比关系,物体的红外发射率越高,发出的红外辐射的功率越大。因此,热像图表现为一幅各部亮度不同的图像,亮度的高低反映了物体表面的温度分布,而这种分布靠肉眼是无法分辨的。某物体的发射功率 M 可由以下公式表示:

$$M = \varepsilon 6 T^4$$

式中:T 为物体表面绝对温度;ε 为表面发射率;6 为常数。

战场上的各种实体的温度特性与很多因素相关,比如,自身是否有热源、是否正处于活跃状态、是否有伪装和反侦察装置等。发动机正常运转中的车辆,正在射击中的武器装备,发射中的导弹均属于有源目标,其红外辐射显然是十分强烈的。有伪装的目标,如防红外侦察的伪装网下的车辆,其辐射强度就要远远小于工作状态下的目标。辐射强度的大小是侦察设备发现目标的重要因素。另外,目标在红外侦察设备中的被发现概率也与其所处的环境和背景红外特性息息相关,目标与环境的温度差体现在热像图中,就是图像的对比度,反映了目标在目标背景中的明显程度,这个因素对目标的发现和识别有重要的影响作用。

战场中的无源目标数量在整个环境中占大多数,但无源目标常常受到外部热辐射作用,导致自身与外部环境进行热交换,从而表现出自身的温度特征,从而被红外侦察器材发现。通常,除了自身因素和特征之外,最主要的外部因素就是太阳辐射,换句话说,无源目标在展现自己特有温度特性的时候,往往在不同强度的太阳辐射的条件下展现出差异较大的辐射状态,从而表现出差异性强的辐射特征,且这种太阳照射而产生的差异在不同的气候、时间、大气条件等因素下,也会产生较大的变化,从而显现出不同的目标热图,如图9-2所示。在战场环境中,战场实体所处的大多数自然环境均可归纳为无源环境,它们与目标相互作用,影响和制约着红外目标的发现、跟踪与识别。

图9-2 不同光照条件下目标的红外热像

红外可视化过程包含目标红外辐射的收集与获取、红外辐射的电信号转换、电信号的处理、信号的可视化显示等过程。热成像仪是红外成像系统的一种,是一种能够收集大气中的短波红外、中波红外和长波红外等自身辐射成像,并能够将其转化为可见光的系统。这种成像仪具有较强的防伪装效果、成像干扰小的特点,因此在军事上得到广泛应用。红外成像系统是红外可视化的重要实现方式。

红外成像系统的结构上,可分为制冷型和非制冷型两大类。制冷型红外成像系统的工作原理主要是利用光子在成像材料上的电效应进行工作,其灵敏度较高,因此需要冷却自身温度以排除干扰。非制冷型红外成像系统主要通过对热源的感应来驱动电信号的生成,灵敏度较低,但不需要制冷,使用较为方便。另外,按照是否有红外光源对目标照射,红外成像系统又可分为主动式和被动式。

红外成像系统按照获取目标辐射信息的方式可分为扫描式和阵列式。扫描式红外成像系统通过光机扫描机构对目标信息进行扫描式采集,受扫描速度的限制,工作速度较慢。凝视型焦平面阵列热成像设备,能够一次性将目标信息同时采集,感应速度快、体积小、图像质量好,能对图像收集过程进行精细化控制,对图像进行便捷编辑,因此,被越来越多地采用。

红外成像系统的通用组件包含五个部分,其关系如图9-3所示,其中虚线箭头表示信息获取和处理的流程。

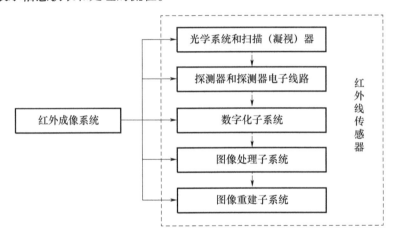

图9-3 红外成像系统的组成和信息处理流程

光学系统和扫描(凝视)器主要负责对目标红外信息的收集,探测器和探测器电子线路将信息进行预先处理,转换为A/D转换器相匹配的信号,而后送入数字化子系统进行模数转换,进而进入图像处理子系统进行信号的非均匀性矫正和图像的格式化,为图像重建子系统提供图像显示和输出的基础。

影响红外图像质量的因素有很多,在系统的成像过程中,因成像焦平面阵列的响应不均匀,会导致图像的噪点增多,从而影响图像清晰度。焦平面阵列的部分坏点或导致图像中有固定位置的亮点或暗点出现。这些缺陷均应在图像处理时进行纠正和优化,以合适的对比度和亮度展现给使用者使用。

9.3 战场红外可视化仿真

战场红外可视化仿真的主要目的是对战场上特定区域的战术目标和背景在作战的某一进程中发射的不同波段的红外辐射,通过该时段大气的传播,被红外观测和侦察设备接收到后,显示在显示设备中的这一过程,及其在此过程中产生的各种量的真实模拟,主要用于各类系统的设计制造、支撑各类数据的需求、为模拟显示设备提供数据支持等。这种仿真实现的途径主要有数学建模法和半实物仿真方法。

数学建模法,通过研究红外的成像规律和内在机理,建立数学模型,通过实验进行检验和验证,进行模型的迭代和更新,从而建立较为真实合理的模型,从而实现对某些情况下的红外可视化数据进行仿真。

建立数学模型的关键问题就是对研究红外成像整个过程中的要素进行整体分析,剥离出其中对红外成像有关键意义的部分因素,从而对红外成像的特征进行定量的数学描述,建立起相应的数学模型。根据这个特点,我们主要需要从目标的红外辐射特性、目标所处背景的红外特征、红外传输介质的传输特性和红外观测和成像系统的性能等方面进行考虑。

首先,目标的红外辐射特征受诸多因素的影响,如目标的形状、组成、结构、材质、温度等因素。目标温度越低,红外辐射中最大能量对应的波段波长越长,此时,红外辐射越呈现出远红外的特点,随着温度相对的升高,红外辐射越呈现出中红外和近红外的特点,甚至会出现发出可见光的现象,打铁时的铁块变红就是这个原因。按照物体温度与红外辐射的特征建立物体的温度分布模型,并根据物体红外辐射特征,进行数学描述,建立数学模型。

其次,背景的红外特征也是影响红外可视化结果的重要因素,在建立模型时,应当考虑目标与所处环境之间的能量流动,如目标内部各组件与外部连接部分间的热量传递、大气对目标的热辐射效应,以及太阳照射的作用和影响等因素。背景的组成多种多样,常见的有地面、水面、植被、建筑物等环境,其表面的附着物更是千差万别。目标在这种环境中的热能交换特征也是不尽相同的。主要需要考虑的因素包括背景的红外辐射分布,以及其向外的红外辐射特征,这主要是目标与背景间的能量交换关系和背景本身的红外辐射特征相关。可根据仿真需求和精度要求,将背景划分为类型相近的区域,分别建模。

进而,要考虑红外辐射的大气传播效应,目标与观测点之间隔着大气,大气又是红外辐射最重要的传播媒介。对大气的红外传输进行建模,主要用于模拟大气的红外衰减作用。

最后,还要对红外成像系统进行建模,模拟将收集器收集的红外辐射转化为可见光图像的过程。需要注意的是目标所处环境的热能变化过程,受多种因素的制约和影响,如是否有热源等,所以在建模时应全面考虑。

利用数学模型进行仿真,不受场地、环境、目标、设备的制约,也不受时间的限制,较为方便灵活,但由于模型在描述红外成像过程时,有不同程度的简化和抽象,所以在仿真结果与实际结果的比较上,有一定的差别。当这种差别满足精度需求时,即可认为仿真结果置信度高。

半实物的仿真实验法通常用于实地实验,这种方法本质上是将一部分的实验装置替换为数学模型,另一部分装置保持实物参与实验,通过仿真实验模拟整个系统的运行全过程,直接得到相关的一线数据,结论较为准确。半实物仿真利用部分实物代替模型参与仿真全过程,还原了模型抽象掉的部分,能够更加真实地表示出各分系统自身工作状态和分系统间的联系,缺点是成本较高、组织不便,所以常用于实际系统的研发和调试等工作。

两种方法各有所长,便于研究人员在不同的目标下选用合适的方法进行选用。

在红外可视化的过程中,与实际系统相比,针对大气的传输性能、光学系统的成像能力、红外成像系统的特征建立的模型,往往对仿真结果的影响较小。所以,红外可视化仿真的关键,就是较为准确地计算出各目标和背景各区域的温度值,从而计算出各区域的红外分布。红外仿真可视化的主要流程如图9-4所示。

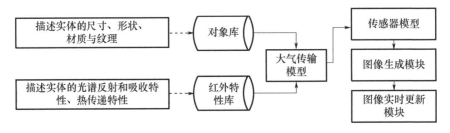

图9-4　红外仿真可视化的主要流程

红线外成像中的目标温度仿真方法有很多研究成果,一般来讲,可概括为以下几类:

第一种是通过对大量的不同类型、不同材质、不同环境条件下的目标进行实际测量,将实测结果进行总结梳理,发现其中的变化规律和统计规律。这些环境条件包括地域、气候、地形条件、气象,甚至是不同观测器材等。这种方法需要长期在不同的地区进行不间断的观测记录,需要对得到的测量数据进行不断的总结,对得到的规律性的复杂公式进行不间断的修正。显然,这种方法较为直接,对某种特定条件下的计算满足性强,但成本较高,普适性不强,精度也无法完全得到保证。

第二种就是利用经典物理学中的传热方程,对目标的温度分布进行计算。这种方法从不同材质和结构的目标参数出发,结合较为复杂的外部条件模型,通过对目标不断地分解,逐单元计算相关温度分布情况,从而推算出红外分布特征。从仿真上来讲,该方法建立的模型最为精细,考虑的因素全面,有较强的适用性,可以满足多种条件下的红外可视化需求。现阶段,武器装备研制和各类民用制造业,均采用这种方法进行系统研制和实验。应当看到,这种方法对模型的要求较高,在计算上,需要高性能计算机的辅助,在一些精度要求较高的领域应用广泛。但研究过程复杂,对人员和条件也有一定的要求。

第三种方法是前两种方法的结合,即将一部分复杂的计算过程转化为从大量测量结果得到的经验值,在精度的要求下,使计算更加简便易行。这种方法也需要利用各类目标及其组成部分的传热学方程,对其中的某些次要因素进行简化和舍去,将一些较为复杂的过程,直接替代为观测值,某些环境条件的认定也较为粗略。其特点就是计算简单,对一些精度要求不高的仿真系统,是一种效率和效果综合平衡下的一种较为便捷的方法。

红外仿真进行可视化的方法,主要包含:

(1)建立对象库,记录实体的尺寸、形状、纹理和材质;

(2)建立红外特征库,描述实体的光谱反射和吸收特性以及热传递特性;

(3)大气传输建模,红外辐射在大气中传输的模型,影响因素包含不同气象条件下的大气性质参数,红外透射性质等;

(4)根据上述模型对红外场景建模,建立某一区域中的各类实体的红外场景下的实体三维模型;

(5)计算传感器焦平面阵列中各平面位置获得的红外辐射强度,量化为灰度值,显示为红外图像;

(6)根据实体红外特征变化,更新状态,实时显示在虚拟可视化设备中。

在进行红外可视化效果展现时,常采用一种将图像按照一定区域进行分割后,从红外材质库中选取特定纹理进行贴图的方法。这种方法能够将可见光条件下的图像近似生成红外图像,关键的问题在于快速准确地对原始图像的相关区域进行较为科学的区分和划分,这种区分的依据包含材质的各种热力学属性,如导热性能、比热、红外辐射的吸收和发射率等。

9.4 微光夜视技术概述

微光夜视是指在微弱的光线条件下进行可视化的技术。这里的微光是指在战场微弱光照条件下的微弱照明光,典型的光照如夜间的月光和星光。夜间高空中的空气分子和各类离子,也会向外辐射一定强度的可见光,这些辐射就属于微光的范畴。微光强度低,经过大气的散射和物体的反射后,就更加微弱了。

对于人类来讲,肉眼可见的可见光范围波长在 $0.38\sim0.76\mu m$ 之间,其中最大的响应值约在 $0.550\mu m$ 附近。但是并不是所有强度的可见光人类的肉眼都可以分辨,强度较弱的可见光,人类并不能感知到,且光线越弱,人类肉眼对物体对比度的要求越高,否则也会影响观察识别。由于军事上的隐蔽要求,作战双方并不能直接采用照明的方式进行夜间目标识别,否则就会在观察到对方的同时,暴露自身的位置和作战行动。最好的方法就是借助微光的照明,将光线强度采用一定的方法进行放大,通过仪器转换为人类可以观察到的强度。

微光夜视仪是一种利用对微弱光线较为灵敏的光电系统,能够成至少上万倍地增加微光亮度的夜视器材,这种器材使得战场目标能够实现在不依靠人工外部光源的主动照射下,实现较高质量的成像,从而被肉眼感知,以达到发现隐蔽目标的目的。

微光夜视仪的主要工作部件是像增强器,主要功能是在低光照条件下对目标成像信息进行获取、增强、放大和显示。鉴于其工作原理,被动式的微光夜视仪并不能在无光照条件下工作,且其成像效果受外部环境的影响较大,如受不良气象条件的遮挡和干扰时,其成像效果将大打折扣。能见度过低的情况下,微光夜视仪的作用就很小,这是因为在环境照度很低的情况下,背景会出现大量的噪点,其成像质量也将下降,使得目标不能很好地被识别。所以,在夜间有雨雪天气的情况下,其使用将受到限制。另外,如果突然出现强光照射微光夜视仪,其成像系统也会出现瞬间失灵的现象,这都是微光夜视仪的不足之处。

微光夜视仪使人类的肉眼可视范围,不但拓展到低光照度的区间,在频率范围内,也使可视范围扩展到近红外区间。当综合采用多种夜视手段协同工作时,可使夜视效果大大提高,为各类侦察预警系统提供支持。

微光夜视仪与红外夜视仪的工作原理有着很大的不同。红外夜视仪工作主要在中、远红外波段,而且其成像的基本原理是利用热源的热辐射来成像,因此,其检测距离就能够达到较长的水平,且不需要任何可见光的照明就可以实现。红外辐射具有比可见光更强的穿透能力,所以不良的大气条件对其影响相对较小,而微光夜视仪受大气的影响较大,其观测距离常常比红外夜视设备短数倍。

红外夜视设备相较微光夜视设备的另一个优点就是其使用不受白天黑夜的限制,在白天,各类目标依然会发射出红外辐射,因而可以成像。由于军事上,作战双方常常对自身的武器、装备和人员进行伪装,因此微光夜视设备常常不能透过伪装认识目标的本质,这一点上,红外夜视仪进行揭露伪装的能力显然也是占有优势的。但是,微光夜视设备之所以没有退出历史舞台,必然有其独特的优势,比如,结构简单、成本较低、隐蔽性好,对于精度要求较低的夜视需求,是一个不错的选择。

微光夜视仪的转换方式,第一步是将可见光辐射转换为电信号,而后通过一定的方法将信号放大,并由一定的显示设备进行显示。微光夜视仪接受微光并将其转换至肉眼可见强度的元器件叫作像增强器,按照其发展过程,已经发展了四代,分别是多级级联像增强器、微通道板像增强器、负电子亲和势光电阴极像增强器、电荷耦合成像器件像增强器。像增强器中,光电转换依靠的主要元器件就是光电阴极,当微弱的光线照射到阴极时,它会因光电效应而产生电子,于是就产生了与入射光相对应的电学图像。电学图像经电子光学系统的放大和增强,被送入显示设备进行显示,于是就实现了微光条件下目标的可视化。其原理如图9-5所示。

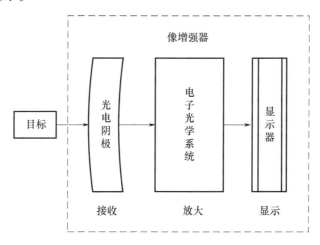

图9-5 像增强器工作原理

微光夜视仪中负责光学采集的光电阴极是微光可视化的关键第一步,其性能对夜视仪的性能好坏具有很大的影响。其中,反映其光电响应特性的参数就是光电阴极灵敏度,也可划分为白光灵敏度和辐射灵敏度。

白光灵敏度又称为积分灵敏度,可表述为在2856K的固定色温值光源照射条件下,光电阴极上一定区域上发射的光电流数值与该区域上入射的光通量的比值,可由以下公式表示:

$$R = \frac{I}{\phi}$$

式中:I为饱和光电流;ϕ为入射光通量。

显然,白光灵敏度反映的是较宽波长范围内,光电阴极对光线的响应积分

值,而其对某一特定波长的辐射的响应灵敏度,称为辐射灵敏度,又称为光谱灵敏度,可由以下公式表示:

$$R_\lambda = \frac{I_\lambda}{\phi_\lambda}$$

式中:I_λ 为光电流;ϕ_λ 为波长 λ 的入射辐射通量。

像增强器的输出能量与输入能量的比值,反映了像增强器对光线的放大作用,将像增强器显示设备输出亮度与光电阴极的输入照度之比,记为亮度增益:

$$G = \frac{L}{E}$$

式中:L 为显示设备输出亮度;E 为光电阴极的输入照度。

另外,从微光夜视仪的性能来讲,其暗背景、放大率、畸变、极限分辨率、调制传递函数、信噪比等参数,也是影响其可视化成像质量的重要因素。

9.5 微光夜视可视化仿真

微光夜视仿真技术是对微光夜视成像系统各部分工作子系统进行建模与仿真,模拟其工作原理,模拟生产微光图像的技术。这种微光图像主要用于战场可视化显示,也可用于模拟训练等领域,在影响匹配和精确制导武器进行制导的领域也有应用。

目前,很多商业化的软件能够方便地进行微光条件下的三维场景仿真,从而获取相关的微光仿真图像,如 MultiGen Creator 中的 Vega。MultiGen Creator 致力于在视景仿真中的三维实体建模,能够在视景显示效果和计算性能之间达到合理的平衡。这种工具能够真实生成多种外形复杂的战场三维实体模型,如 OpenFlight 格式的作战人员、坦克、直升机、火炮等,也能够较为便捷地将三维虚拟场景进行建模,快速、实时生成地幅范围较大的平原、丘陵、山地等,以满足三维实景在虚拟现实、模拟器视景等环境中的需求。Vega 是 MultiGen 公司的各种建模软件中针对视觉和听觉仿真与虚拟现实进行开发的软件环境,主要通过与特殊模块的结合实现相关功能,Sensor Vision 模块,能够模拟传感器系统对波段覆盖可见光到远红外的电磁辐射的探测效果,可以实现对微光夜视场景的仿真效果。Sensor 模块通过模拟像增强器的光电阴极的光谱特性,接受外部参数初始化设置,实现对微光夜视传感器的模拟,Sensor Effect 则可以模拟夜视系统的增益、噪声和荧光屏显示色等效果。

微光夜视技术仿真的实现途径主要有两大类:一种是基于三维实体模型进行微光夜视仿真,Vega 工具就是这种类型,其生成微光夜视图像方便快速,动态效果良好,但图像精度低,与实际图像可能会存在一定的差异,因此常用于对显示效果真实性要求不高的场景中;另一种是基于实际图像的光线强度,大气和天气条件进行数学变化,生成模拟图像,其图像转换和变换主要依据较为精确的数学计算,因而精度较高,效果逼真。

微光成像设备的成像器件是CCD,增强器与CCD器件相连组成的成像设备为ICCD,即增强器型电荷耦合器件。ICCD成像设备中的控制单元通过输入信号的强弱,自适应地调整成像仪的曝光时间和显示增益等参数,其成像的本质原理就是光子在照射到微光成像设备的光电阴极之后,在某一区域内一定的光谱范围内的积分值,即某一区域的亮度。某目标一定区域的亮度F可由以下公式进行表示:

$$F = \int_{\lambda_1}^{\lambda_2} L(\lambda)p(\lambda)t_a(\lambda)t_o(\lambda)R_c(\lambda)R_M\eta_s(\lambda)R_{CCD}(\lambda)\mathrm{d}\lambda$$

式中:λ_1和λ_2分别为光电阴极接受的电磁辐射波长下限和上限;L为夜天光的光谱辐射亮度;p为目标的光谱反射率;t_a为大气的光谱传输特性;t_o成像光学系统的光谱透过率;R_c为光阴极的光谱响应率;R_M为MCP的增益;η_s为荧光屏的光谱量子效率;R_{CCD}为CCD阵列的光谱转移效率。

ICCD微光成像设备的成像质量受其调制传递函数(MTF)影响,对生成的图像空间分辨率有重要决定性作用。噪声模型则是描述ICCD设备的噪声特性的模型,包含整个系统时间域和空间域噪声的总和。通过上述模型的仿真,可最终得到目标相应的亮度值,从而合成模拟的微光图像。这种方法生成的图像精度较高,但计算速度烦琐,不便于大规模动态仿真。

第 10 章
战场态势可视化及战场可视化发展

随着计算机、通信、传感器技术的迅速发展,现代战场环境的复杂性、瞬变性不断增加,直接表现为敌方威胁的速度、机动性、复杂性的大大提高和可获取的战场信息量的大幅增长,这就需要为各级指挥员提供一个直观、清晰、简洁的实时战场态势来辅助决策以缩短决策时间,提高作战指挥效率,增强武器系统的效能。战场态势是指挥员实施高效指挥控制的必要条件,如何将战场态势进行呈现、采用何种方式呈现,是本章要介绍的问题。

本章重点介绍战场态势可视化呈现的方式方法及构建机理,尤其是根据展现样式不同,区分为三种战场态势可视化方式,本章分别介绍三种可视化展现的样式及实现机理。

10.1 战场态势可视化形式

战场态势可视化是采用可视化手段,包括二维及三维方式,将战场态势中的诸多要素进行可视化展现,包括兵力分布、兵力状况,甚至相关军事行动进行可视化呈现,从而使军事人员快速了解战场情况,为军事决策提供依据,其应用如图 10-1 所示。

- 军事仿真过程的态势可视化展现
- 军事演习过程的态势可视化展现
- 军事模拟训练态势可视化显示
- 实战的态势可视化显示
- 军事情报的态势可视化展现
- ……

图 10-1 战场态势可视化应用

战场态势可视化是军事指挥人员认知战场态势的有效手段,对战场态势的分析判断直接决定着战争的胜负。然而,战场态势瞬息万变,数据量大,各种信息极其丰富,情况复杂。如何综合采用多种形式和丰富的手段来完整、全面、准确、及时地反映虚拟战场的态势,是一个各国军队竞相研究的热点问题。

战场态势可视化按照展现样式大体上分为二维态势显示和三维态势显示。

(1)二维态势显示是一个在二维平面空间的态势,最常用的态势构成方式是以地图作为背景,并在其上叠加表达各种作战实体和作战行动的军标符号及文字,这种方式最符合标准的军事表达规则,通常用在专业的战役态势表达上。二维态势的技术发展特征主要体现在地图背景的更新换代上,其发展过程中,地图的显示经历了人工扫描地图显示、像素地图显示和目前的电子地图显示几个阶段。电子地图是基于地形数据而形成的地图,它能根据需要以不同的地图要素组合和地图投影方式随机进行显示。电子地图的出现,给二维地图带来了清晰的显示效果和无级放大漫游地图的功能,此外也给二维地图带来了新的表现形式,出现了用三维效果晕渲图作为地图背景的显示方式,使态势的表现力更加丰富。

(2)三维态势是一个在三维立体空间表现的态势,又称为"虚拟战场",它依靠地形数据支持三维场景的显示,依靠三维模型支持立体军标的显示,使用实景地形和军标对战场进行仿真。这种方式主要用于表达局部范围的战斗行动,使指挥员有"身临其境"的感觉,以增强态势表达的效果。

10.2 战场态势可视化实现方式

战场态势可视化展现,主要包括二维及三维态势可视化展现,三维可视化展现包括三维大场景态势可视化展现及三维小场景高精度三维态势展现,如图10-2所示。针对这三种可视化方式,下面介绍各自实现机理及展现效果。

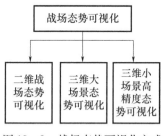

图10-2 战场态势可视化方式

10.2.1 二维战场态势可视化

1. 二维战场态势可视化构建

二维战场态势可视化主要是以军事地理信息系统(MGIS)为技术支撑,实现战场态势的二维可视化显示。

二维战场态势可视化一般主要由四部分组成,包括 MGIS 平台、态势数据接口、态势显示模块和二维军标库,处理的外部数据包括地理数据、外部传输来的态势数据等,其构成如图 10-3 所示。

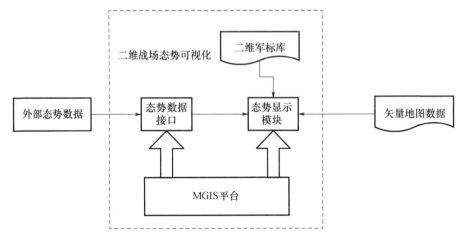

图 10-3 二维战场可视化组成

外部态势数据:外部系统产生的相关态势数据,如外部的仿真系统、演习中产生的实时态势数据、实战中产生的战场实时态势数据等,上述数据为二维态势动态驱动的源头。外部态势数据类型构成如图 10-4 所示。

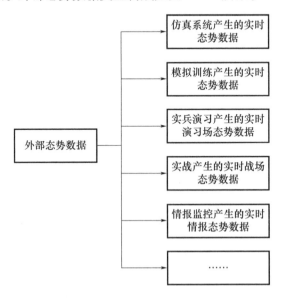

图 10-4 外部态势数据组成

态势数据接口:二维战场可视化中的态势数据接口,负责从外部接收态势数据,并对态势数据进行规范化处理,以生成格式化的态势数据。

态势显示模块:态势显示模块主要获取矢量地图数据及态势数据接口传输来态势数据,对矢量地图数据进行处理,生成二维电子地图,对态势数据进行处理,生成在二维电子地图上叠加的二维军标,并使用态势数据驱动二维军标状态的变化,如位置等的变化,展现出对应行动及状态。

二维军标库:主要为态势显示模块提供军标支撑,从而在电子地图上展现相关军标。

矢量地图数据:处理的对象数据,可对数据进行处理生成二维电子地图。

MGIS 平台:系统开发支撑平台,可通过该平台进行软件的集成开发,其基本功能包括电子地图展现、军标标绘等,均是通过该平台提供的功能函数进行实现。

2. 二维战场态势可视化典型应用——军事仿真中的二维战场态势可视化应用

军事仿真系统中的二维态势显示是军事仿真系统中仿真使用人员与仿真应用之间的接口,该系统通过实时显示仿真各方实体位置、毁伤等状况,提供给仿真操作演练人员动态变化的态势信息,是演练人员总揽战场全局的重要工具。其作用主要有:适时显示战场环境的二维可视界面及实体位置,帮助用户建立战场的全局印象;适时显示实体的属性信息;显示战场态势,帮助演练指挥人员适时掌握作战情况。

军事仿真二维态势显示系统主要交互关系如图 10-5 所示。

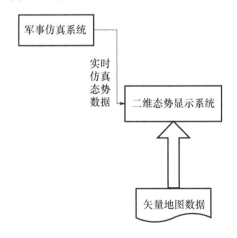

图 10-5 交互关系

如图 10-5 所示,军事仿真系统中的二维态势显示系统,主要通过信息交互中间件从军事仿真系统中获取实时仿真态势数据,并对矢量地图数据进行处理,生成二维电子地图,使用仿真态势数据,生成动态变化的可视化战场态势(主要通过二维军标展现)。

10.2.2 三维大场景态势可视化

1. 三维大场景态势可视化构建

现代战争是信息化条件下的一体化联合作战,战争无论形式还是内容都发生了翻天覆地的变化。战场信息量急剧增长,要表达的内容急剧增加,传统的二维态势符号已远远不能满足战争参与人员对信息的需求,战场信息表达手段已演变为基于三维空间的战场可视化,而随着虚拟现实技术、图形图像技术、计算机作战模拟技术及图形硬件等软硬件技术的飞速发展,各种需求逐渐得到满足,软件开发人员体会到了极大的灵活性和可创造性,用户也感受到了前所未有的视觉震撼和多种多样的信息通道。

二维战场态势展现能清晰展现部分内容,但立体空间的展现还存在一定的盲区。三维大场景态势展现主要立足于三维地理信息系统(3DGIS)技术进行构建,尤其是随着数字地球、数字中国、数字城市的出现与兴起,它们所依赖的 Google Earth、Skyline 等三维地理信息系统软件逐渐成熟,为我们提供了一个展示三维场景的有力工具。

三维大场景态势展现以三维地理信息系统为支撑,对 DEM 高程数据、卫星影像数据及三维模型进行处理,构建大场景三维地形,而后在三维地形上叠加三维模型、军标模型展现战场态势。三维大场景态势可视化展现样式如图 10-6 所示。

图 10-6 三维大场景态势可视化展示样式

三维大场景态势可视化与二维类似,主要由五部分组成,包括三维地理信息系统(3DGIS)平台、态势数据接口、态势显示模块、三维军标库、三维模型库等,处理的外部数据包括地理数据、地物三维模型数据、外部传输来的态势数据等,构成如图 10-7 所示。

外部态势数据:外部系统产生的相关态势数据,如外部的仿真系统、演习中产生的实时态势数据、实战中产生的战场实时态势数据等,上述数据为三维态势动态驱动的源头。外部态势数据类型构成如图 10-8 所示。

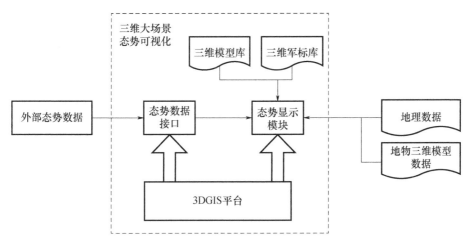

图 10-7 三维大场景态势可视化组成

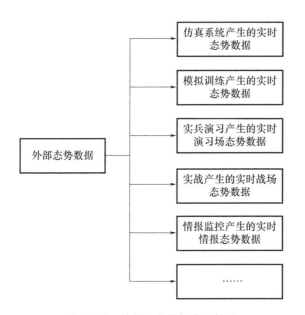

图 10-8 外部态势数据类型构成

态势数据接口：三维战场可视化中的态势数据接口，负责从外部接收态势数据，并对态势数据进行规范化处理，以生成格式化的态势数据。

态势显示模块：主要获取地理数据、地物三维模型数据及态势数据接口传输来的态势数据，对地理数据、地物三维模型数据进行处理，生成三维地形，对态势数据进行处理，生成在三维地形上叠加的三维军标、三维模型，并使用态势数据驱动三维军标、三维模型状态的变化,如位置等的变化,展现出对应行动及状态。

三维军标库:主要为态势显示模块提供军标支撑,从而在三维地形上展现相关军标。

三维模型库:主要为态势显示模块提供模型支撑,从而在三维地形上展现相关模型,如图10-9所示。

图 10-9 三维装备模型库

地理数据:处理的对象数据,包括 DEM 高程数据、影像数据等,可对数据进行处理生成三维地形。

地物三维模型:可加载相关地物三维模型,包括建筑物、植物等的模型,从而使生成的三维地形更加美观、逼真。

3DGIS 支撑平台:三维地理信息系统是三维大场景态势显示系统的支撑平台,三维地理信息系统主要是对高程数据(DEM)、影像数据及三维模型进行处理,生成三维立体地形,并支持对地形的基本操作,包括漫游、视点调整、三维地形量算等,通过三维地理信息系统的使用,可将战场地形进行逼真展现,而后态势展现上可在三维地形上做工作,在地形上叠加相关标识以展现战场情况。

2. 三维大场景态势可视化典型应用——军事仿真中的三维大场景战场态势可视化应用

军事仿真中的三维大场景态势显示系统主要交互关系如图 10-10 所示。

军事仿真系统中的三维大场景态势显示系统,主要通过信息交互中间件从军事仿真系统中获取实时仿真态势数据,并对地理数据进行处理,生成三维地形,使用仿真态势数据,生成动态变化的可视化战场态势(主要通过三维军标、三维模型进行展现),如图 10-11 和图 10-12 所示。

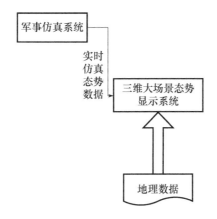

图 10-10 交互关系

图 10-11 三维地形展现

图 10-12 展现效果

10.2.3 三维小场景高精度态势可视化

1. 三维小场景高精度态势可视化构建

三维小场景高精度态势可视化同样是采用三维形式展现战场态势,与三维大场景态势显示的区别是,小场景展现使用的高精度三维图形引擎进行开发,大场景态势展现使用的是三维地理信息系统进行开发,高精度三维图形引擎无地理框架,仅有自身引擎设定的坐标系。

当前,三维高精度图形引擎多用于军事游戏开发,各类引擎都提供了相关工具,可快速进行场景的开发、逻辑流程的设计等,并且经过美工的处理,各类引擎渲染的画面美观逼真,大大满足了游戏玩家的需要。当前,军事中对场景的要求也普遍提高,高还原度的场景画面,可使用户详细了解环境细节情况,并提高沉浸感,使用户有身临其境的感觉。

三维小场景态势显示系统与上述两类系统类似,其构成如图 10 – 13 所示。

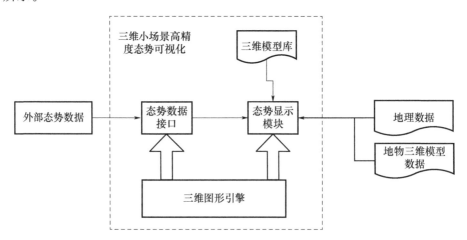

图 10 – 13 三维小场景高精度态势可视化组成

与上述两类系统的区别在于,小场景态势可视化支撑平台为三维引擎,并且三维地形数据,多类引擎也是由引擎自带的地形构建工具构建完成,处理的三维模型主要是使用三维建模软件(包括 3D MAX、Maya 等)构建所得,战场特效(如爆炸、交火等)由引擎构建的粒子特效进行体现。

2. 三维小场景高精度态势可视化典型应用——坦克模拟器中的应用

以三维小场景高精度态势可视化在坦克模拟器中的应用为例。坦克模拟器涵盖了驾驶员等不同类型操作员的操作环境,三维小场景高精度态势可视化主要用于模拟器中三维视景的构建。

在坦克模拟器中,涉及可视化的主要是坦克的操作人员,主要是车长、驾驶员、射手的三维视景展现,具体包括:

(1)坦克车长操作及视角三维展现车长操作及视角三维展现主要用于完成车长操作部件与三维视景的交互,即将操作人员操作车长部件的操作信号转化三维视景可接收的信号,并使用信号驱动三维视景的变化,车长视角三维展现是将从车长角度观察出的三维视景进行可视化呈现。

(2)坦克驾驶员操作及视角三维展现驾驶员操作及视角三维展现主要用于完成驾驶员操作部件与三维视景的交互,即将操作人员操作驾驶员部件的操作信号转化三维视景可接收的信号,并使用信号驱动三维视景的变化,驾驶员视角三维展现是将从驾驶员角度观察出的三维视景进行可视化呈现。

(3)坦克射手操作及视角三维展现射手操作及视角三维展现主要用于完成射手操作部件与三维视景的交互,即将操作人员操作射手部件的操作信号转化三维视景可接收的信号,并使用信号驱动三维视景的变化,射手视角三维展现是将从射手角度观察出的三维视景进行可视化呈现。

(4)坦克操作人员间实时信息同步模块操作人员间实时信息同步模块完成一台车中车长、驾驶员、射手系统之间的交互,车长、驾驶员、射手操作三台计算机来进行相关操作,操作的为同一台坦克,为在三台计算机中实现同一台坦克状态的同步(包括位置、姿态、行动的同步),在乘员三个系统间需进行信息同步,包括位置姿态同步、行动同步,从而保持场景的一致。

具体展现效果如图10-14所示。

图10-14 展现效果

10.2.4 对比分析

1. 二维战场态势可视化

(1)优点在于：

平面直观,在展现综合场景上效果较好；

使用军标表示,符合军事人员的观察习惯；

支持地图放大缩小,矢量地图不会出现显示失真现象。

(2)不足在于：

平面,缺乏三维立体空间效果；

展现符号使用的是二维军标,对军标不熟悉的使用人员观察困难。

2. 三维大场景态势可视化

(1)优点在于：

宏观展现全局,便于使用人员掌握全局战场情况；

地形起伏也可三维展现,便于使用人员了解空间情况；

采用数字地球技术构建,地形构建速度快,构建时间短；

对场景的漫游等操作简单快捷。

(2)不足在于：

对三维场景中的细节部分展现不够细致；

展现中物理模型确实,如会出现模型碰撞等现象；

对机器硬件有一定要求。

3. 三维小场景高精度态势可视化

(1)优点在于：

细节展现详细,便于用户了解战场中的详细情况；

场景逼真,用户使用时有身临其境感觉；

(2)不足在于：

制作困难,技术难度大；

不便于掌握战场全局情况；

对计算机硬件配置要求高。

10.3 战场可视化未来发展

随着新技术的发展,战场可视化未来将越来越多地使用相关新技术、新方法对战场进行可视化展现,展现的最终目标是更加便于军事人员观察战场、更加便于军事人员直观了解战场情况。

第10章 战场态势可视化及战场可视化发展

战场可视化未来的发展方向主要包含两个,一是展现的内容更加丰富完善,二是展现的技术手段更加先进、更加便于人员进行观察。

1. 内容完善性

内容完善性上是指,在战场环境可视化展现的内容上,将进一步扩展,除了常规的一些可视化展现的内容,如兵力位置、交火行动等,可以进一步扩展内容,如一些不可见的信息,如通信网络、雷达侦察效果等,都可进一步进行展现,这样更加便于使用人员了解战场环境、了解战场态势。

2. 技术手段先进性

对战场展现上,可应用更先进的技术,如全息技术、CAVE 技术等(图 10 – 15 ~ 图 10 – 17),展现效果更加好,如增强现实技术,可将虚实进行结合来展现,这样更加便于使用人员对战场情况进行了解。

图 10 – 15　阿凡达全息效果

图 10 – 16　全息效果

图 10 – 17　CAVE 技术展现效果

当然,现在技术还在发展、还在进步,下一步可能会出现一些新的技术,更加便于对战场环境、对战场态势进行可视化展现。

参考文献

[1] 许捍卫. 地理信息系统教程[M]. 北京:国防工业出版社,2010.
[2] 张继开. 三维图形引擎技术的研究[D]. 北京:北方工业大学,2004.
[3] 左鲁梅. 三维图形引擎中的关键技术研究[D]. 北京:北方工业大学,2004.
[4] 廖学军,等. 数字战场可视化技术及应用[M]. 北京:国防工业出版社,2010.
[5] 张涛,曹婉,陈振宇. 战场环境与可视化技术[M]. 北京:军事科学出版社,2008.
[6] 董志明,等. 战场环境建模与仿真[M]. 北京:国防工业出版社,2013.
[7] 刘卫东,等. 可视化与视景仿真技术[M]. 西安:西北工业大学出版社,2012.
[8] 钟志农,等. 地理信息系统原理与应用[M]. 北京:国防工业出版社,2013.
[9] 张景雄. 地理信息系统与科学[M]. 武汉:武汉大学出版社,2010.
[10] 杨风暴. 红外物理与技术[M]. 北京:电子工业出版社,2014.
[11] 郭刚. 综合自然环境建模与仿真研究[D]. 长沙:国防科学技术大学,2004.
[12] 胡迈,等. 微光夜视环境中自然微光环境模拟[J]. 长春理工大学学报(自然科学版),2015,38(1):29-33.
[13] 钱芸生,等. 基于Vega的微光夜视系统性能仿真技术研究[J]. 红外技术,2004,26(4)61-64.
[14] 王建波,等. 战场电磁环境及其可视化构想[J]. 电磁频谱管理,2009.3.
[15] 王家耀. 军事地理信息系统[M]. 北京:解放军出版社,1997.
[16] 胡丹露. 数字化战场环境研究[M]. 北京:解放军出版社,2000.
[17] 王汝群. 战场电磁环境[M]. 北京:解放军出版社,2006.
[18] 杨伦,等. 作战仿真中通用二维态势显示系统研究[J]. 兵工自动化,2007,26(12)37-38.
[19] 赵维,茅坪,沈凡宇. 下一代三维图形引擎发展趋势研究[J]. 系统仿真学报,2017.12.
[20] 秦宜学. 数字化战场[M]. 北京:国防工业出版社,2004.
[21] 李建韬. 数字化部队与战场[M]. 北京:解放军出版社,2002.
[22] 王家耀. 军事测绘与高技术战场[M]. 北京:军事谊文出版社,2001.
[23] 全军军事术语管理委员会. 军事科学院. 中国人民解放军军语(全本)[M]. 北京:军事科学出版社,2011.
[24] 刘晓静. 海军作战环境学[M]. 北京:解放军出版社,2008.